Hans Grum, Gisela Stautner, Martin Wurdack, Alfons Ziller

Fit im Fleischer-Fachgeschäft

Lernfeldorientierte Grundbildung für Fleischerinnen und Fleischer/ Fachverkäuferinnen und Fachverkäufer im Lebensmittelhandwerk – Fleischerei

Arbeitsheft

3. Auflage

Bestellnummer 5892

westermann

Die in diesem Produkt gemachten Angaben zu Unternehmen (Namen, Internet- und E-Mail-Adressen, Handelsregistereintragungen, Bankverbindungen, Steuer-, Telefon- und Faxnummern und alle weiteren Angaben) sind i. d. R. fiktiv, d. h., sie stehen in keinem Zusammenhang mit einem real existierenden Unternehmen in der dargestellten oder einer ähnlichen Form. Dies gilt auch für alle Kunden, Lieferanten und sonstigen Geschäftspartner der Unternehmen wie z. B. Kreditinstitute, Versicherungsunternehmen und andere Dienstleistungsunternehmen. Ausschließlich zum Zwecke der Authentizität werden die Namen real existierender Unternehmen und z. B. im Fall von Kreditinstituten auch deren IBANs und BICs verwendet.

Die in diesem Werk aufgeführten Internetadressen sind auf dem Stand zum Zeitpunkt der Drucklegung. Die ständige Aktualität der Adressen kann vonseiten des Verlages nicht gewährleistet werden. Darüber hinaus übernimmt der Verlag keine Verantwortung für die Inhalte dieser Seiten.

Druck: westermann druck GmbH, Braunschweig

service@westermann-berufsbildung.de
www.westermann-berufsbildung.de

Bildungshaus Schulbuchverlage Westermann Schroedel Diesterweg Schöningh Winklers GmbH, Postfach 33 20, 38023 Braunschweig

ISBN 978-3-8045-**5892**-2

VORWORT

Liebe Auszubildende,

die vorliegenden Arbeitsblätter verstehen sich als Begleitmaterial zum Schulbuch „Fit im FleischerFachgeschäft“ (BN 5886). Sie greifen die praxisorientierten Lernsituationen bzw. die beruflichen Aufgabenstellungen im Buch auf, die die Fachbildung für Fachverkäufer/-innen im Lebensmittelhandwerk - Fleischerei beinhalten. Jede Einheit ist so konzipiert, dass Sie sich die wesentlichen Ausbildungsinhalte selbst erarbeiten und das Gelernte beim Lösen des Handlungsauftrages anwenden können.

Gemäß den Stufen einer vollständigen Handlung sind die einzelnen Kapitel wie folgt aufgebaut:

Jeweils am Ende einer Lerneinheit finden Sie Aufgaben und Rätsel, mit denen Sie das erworbene Wissen auf vielfältige Weise wiederholen und vertiefen können.

LEGENDE

Füllen Sie bitte aus.

Schreiben Sie bitte auf einem gesonderten Blatt.

Kreuzen Sie bitte an.

INHALTSVERZEICHNIS

Name: .... Klasse: .... Datum: ....

Eine Freundin interessiert sich für Ihre Ausbildung zur Fachverkäuferin im Lebensmittelhandwerk – Fleischerei.
Sie möchten gern Auskunft über das Berufsbild geben.

Orientieren

Informieren

A Berufsprofile im Fleischerfachgeschäft

Die Berufe Fleischer/Fleischerin und Fachverkäufer/Fachverkäuferin sind sehr vielseitig (→ Seite 23 f.).

Fleischer/Fleischerin	Fachverkäufer/Fachverkäuferin
▸ schlachten Tiere	▸ schneiden Fleischstücke küchenfertig zu, z. B.
▸ verarbeiten Fleisch zu	....
–	....
–	▸ verarbeiten Fleisch zu ....
–	▸ würzen oder marinieren ....
▸ führen Qualitätskontrollen durch	▸ .... Fleisch
▸ sind verantwortlich für	▸ zeichnen die Ware mit .... aus
....	Weitere Aufgaben:
....	....
....	....
....	....
....	....
....	....
....	....
Weitere Aufgaben:	....
....	....
....	....
....	....
....	....
....	....
....	....
....	....
....	....
....	....
....	....

B Berufliche Interessenvertretungen

Die Aufgaben der beruflichen Interessenvertretungen sind sehr vielschichtig.

Einrichtung	Aufgaben
Fleischerinnung	▸ Mitgliedschaft ist .... ▸ Vertretung des Berufes gegenüber .... ▸ .... Beratung und Unterstützung der Mitglieder ▸ Wahrung der .... ▸ Unterstützung durch .... ▸ Durchführung von .... ▸ Durchführung von .... ▸ .... (Zwischen- und Abschlussprüfung) ▸ Beratung und Unterstützung ....
Kreishand-werkerschaft	Vereinigung von .... in einem bestimmten .... (meist eines Landkreises)
Handwerks-kammer	Zuständige Stelle für die Wahrung der Interessen der Handwerksberufe auf der Ebene ....; verantwortlich für die Organisation, ...
Industrie- und Handelskammer	Zuständige Stelle für die Interessenvertretung von ....; Gliederung ähnlich wie bei HWK

C Spitzenorganisationen des Handwerks

Alle Spitzenorganisationen der Handwerksberufe sind im .... (ZdH) zusammengeschlossen.

Alle Landesinnungsverbände sind im .... zusammengeschlossen.

Mehrere Fleischerinnungen eines Bundeslandes bilden einen ....

Mehrere Einzelbetriebe ....

Name: Klasse: Datum:

D Einrichtungen der Verbraucherberatung

Einrichtungen	Aufgaben
Stiftung Warentest	
Verbraucherzentralen und Verbraucherverbände	

E Rechtliche Regelungen zum Verbraucherschutz

Regelung	Aufgabe
Lebensmittelinformationsverordnung (LMIV)	Regelt auf europäischer Ebene ……… von Lebensmitteln.
Eichgesetz	
Gesetz gegen den unlauteren Wettbewerb (UWG)	Schützt den Verbraucher vor: ▸ ……… ▸ ………
Produkthaftungsgesetz	
Allgemeine Geschäftsbedingungen (AGB)	

Planen

Erstellen Sie einen Stichwortzettel für ein Kurzreferat über die Berufsprofile des Fleischers/der Fleischerin und des Fleischverkäufers/der Fleischverkäuferin.

Durchführen

Halten Sie ein Kurzreferat von etwa fünf Minuten über das Berufsprofil Ihres eigenen Ausbildungsberufes.

Bewerten

Bewerten Sie die Referate Ihrer Mitschüler hinsichtlich Verständlichkeit, Vollständigkeit, Vortragsweise.

Wiederholen

1. Bitte beantworten Sie die folgenden Fragen.

1. Wie heißt die Interessenvertretung der Arbeitnehmer? ....

2. Wie nennt man Geschäfte, die z. B. bei Werbefahrten oder an der Haustür abgeschlossen werden (→ Seite 23)? ....

3. In welchem Gesetz ist festgelegt, dass die Verpackung den Kunden nicht täuschen darf?

   ....

4. Mit welchen Konsequenzen muss ein Fleischerfachgeschäft rechnen, wenn ein Kunde nach dem Verzehr einer Wurst erkrankt?

   ....

5. Wie lange können Sie Haustürgeschäfte rückgängig machen?

   ....

6. In welchen Fällen hat der Kunde kein Widerrufsrecht bei Haustürgeschäften?

   - ....
   - ....

7. Wie lauten die Adresse und die Telefonnummer Ihrer zuständigen Innung?

   Adresse: ....

   Telefonnummer: ....

2. Bitte beantworten Sie die folgenden Fragen mithilfe des Lehrbuches (→ Seite 12 ff.).

1. Aus welchem Land stammen die ersten Bilder und Modelle, die das Schlachten von Tieren darstellen?

   ....

2. In welcher deutschen Stadt wurden nachweislich erstmals die Metzger urkundlich erwähnt?

   ....

3. Aus welcher deutschen Stadt wurde erstmals von einer Standesvereinigung der Metzger berichtet?

   ....

4. Was gilt als das älteste Wurstrezept?

   ....

5. Woher stammt vermutlich die Berufsbezeichnung „Metzger"?

   ....

   ....

   ....

   ....

6. Wo erfolgte in den Städten vornehmlich der Verkauf von Fleisch?

   - ....
   - ....

Name: .... Klasse: .... Datum: ....

Orientieren

Denken Sie an Ihren ersten Tag in Ihrem Ausbildungsbetrieb zurück. Welche Eindrücke sind in Ihrem Gedächtnis haften geblieben? Skizzieren Sie die Organisationsstruktur Ihres Ausbildungsbetriebes.

Informieren

A Übersicht über die verschiedenen Rechtsformen von Unternehmen

Betriebe können in verschiedenen Rechtsformen geführt werden.

EINZEL-UNTERNEHMEN

GESELLSCHAFTS-UNTERNEHMEN → .... / .... → .... ; → ....

→ .... / .... → .... ; → .... / ....

.... / ....

B Betriebliche Organisation und Unternehmensformen

Unternehmensform		Geschäftsführung	Haftung		Betriebform			
			Privatvermögen	Betriebs-/ Einlagevermögen	Einzelunternehmen	Gesellschaftsunternehmen		Genossenschaft
Einzelunternehmen			X	X				
						Personengesellschaft	Kapitalgesellschaft	
Gesellschaftsunternehmen	**KG**							
	Geschäftsführer							
	Kommanditist							
	Komplementär							
	OHG							
	Geschäftsführer	X						
	Gesellschafter							
	GmbH							
	Geschäftsführer							
	Gesellschafter							
	AG							
	Geschäftsleitung							
	Gesellschafter							
	Aufsichtsrat							
Genossenschaft				X				

C Betriebs- und Geschäftsräume einer Fleischerei

Die verschiedenen Räume einer Fleischerei dienen unterschiedlichen Funktionen:

Produktionsräume	Lager-, Kühlräume	Verkaufs-, Imbissräume	Aufenthalts-, Sozialräume
▸	▸	▸	▸ ....
▸	▸	▸	▸ ....
▸	▸	▸	▸ ....
		▸	

Planen

Markieren Sie mit verschiedenen Farbstiften die vier Raumbereiche der Fleischerei Baringer in der Skizze; kennzeichnen Sie die Hygieneschleusen besonders deutlich.

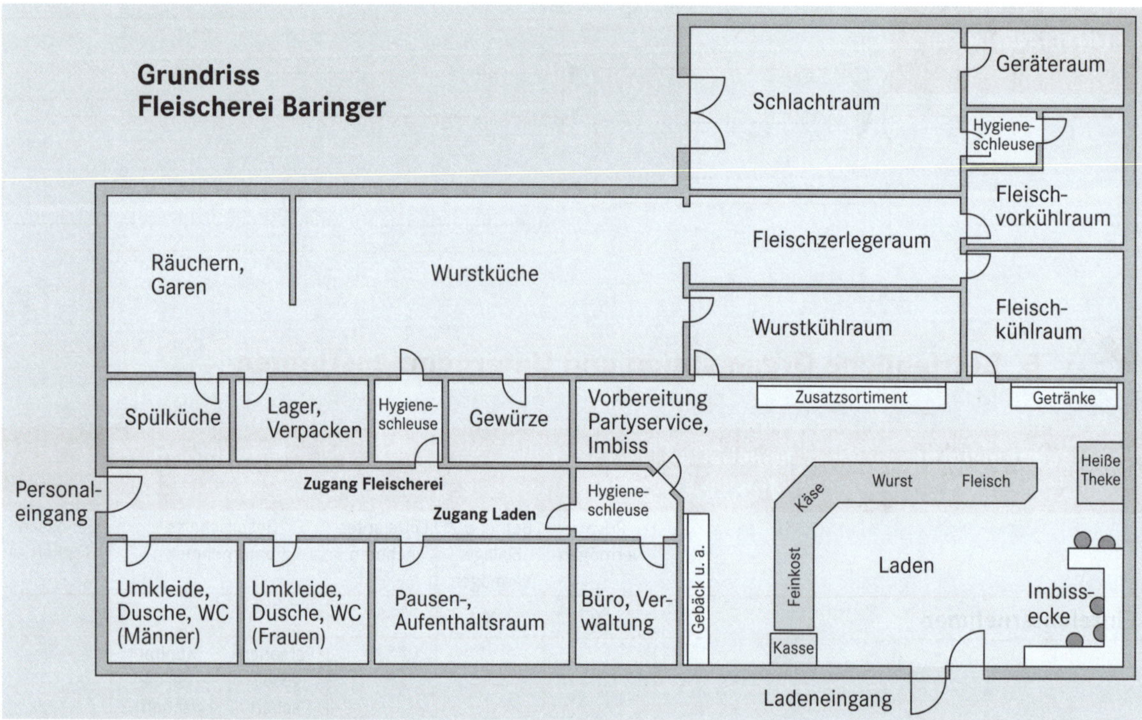

Durchführen

1. Fertigen Sie eine grobe Grundrissskizze Ihres Fleischereibetriebes. Benennen Sie die einzelnen Räume und markieren Sie diese in den gleichen Farben wie oben.

Name: .... Klasse: .... Datum: ....

2. Machen Sie Angaben zur Betriebsstruktur Ihres Ausbildungsbetriebes.

Unternehmensform: Betriebsleitung:	....
Produktion ◗ verantwortlich: ◗ Mitarbeiter:	 ....
Verkauf (mit Imbiss) ◗ verantwortlich: ◗ Mitarbeiter:	 ....
Für meine Ausbildung ◗ ist verantwortlich: ◗ wird unterstützt von:	 ....

Überprüfen Sie die Betriebsstruktur Ihres Ausbildungsbetriebes mit den beiden Betrieben Baringer und Buchheim KG (→ Seite 26 f.) und entscheiden Sie, mit welchem von beiden er verglichen werden könnte.

Bewerten

◗ Mehr mit der Fleischerei Baringer, weil

....

....

....

◗ Mehr mit der Buchheim Fleisch KG, weil

....

....

....

◗ Mit keinem von beiden, weil

....

....

....

Wiederholen

1. Die gesamte Grundfläche des Betriebes der Fleischerei Baringer beträgt 335 m². Der Laden mit Vorbereitung ist 82 m² groß. Wie viel % der Gesamtfläche des Betriebes sind dies?

2. Ein Fleischkühlraum ist 3 m breit und 4 m tief und 3 m hoch. Die Wände sollen neu gefliest werden. Wie hoch sind die Kosten, wenn sich der Kostenvoranschlag für das Fliesen inklusive Material und Arbeitszeit auf 155,00 €/m² beläuft? Berücksichtigen Sie, dass für die beiden Türen 5 m² abgezogen werden.

3. In folgenden Räumen soll der Boden mit einer Epoxydharzschicht überzogen werden: Fleischzerlegeraum (12 m x 3 m), Wurstküche (9 m x 5 m), Räucher- und Garbereich (5 m x 4,5 m), Spülküche (2,5 m x 3 m), Lager/Verpackung (3,5 m x 2,5 m) sowie Lager/Gewürze (3 m x 2,5 m).
   a) Wie groß ist die Gesamtfläche, die neu überzogen werden soll?
   b) Was kostet der gesamte Belag, wenn für einen m² 124,50 € angesetzt werden?

4. Eine Fleischerei wird als KG mit drei Personen geführt. Zwei davon sind Teilhafter mit je 15 % Stammeinlage, der dritte ist Vollhafter. Es wird ein Jahresgewinn von 45 000,00 € erwirtschaftet. Wie wird der Gewinn auf die drei Personen verteilt?

5. An einem Fleischerfachgeschäft, das als GmbH geführt wird, beteiligen sich vier Gesellschafter, die jeweils 25 000,00 € in das Geschäft einbringen. Im abgelaufenen Kalenderjahr wurde ein Gewinn von 78 500,00 € erzielt. Aufgrund umfangreicher Sanierungsmaßnamen entstanden Kosten von 165 600,00 €. Wie sieht der Gewinn bzw. Verlust für die einzelnen Gesellschafter in diesem Jahr aus?

6. Der Fleischerei Müller OHG gehören 6 Gesellschafter an, von denen Herr A 3 Anteile, Herr B 4 Anteile, Frau C 5 Anteile, Herr D 2 Anteile, Frau E 1 Anteil und Herr F 6 Anteile besitzt. Vom Jahresgewinn in Höhe von 237 440,00 € werden 10 % einer Risikorücklage zugeführt und der Rest wird auf die Gesellschafter anteilmäßig verteilt. Wie viel erhält jeder einzelne Gesellschafter?

7. Im nachfolgenden Rätsel sind 16 Begriffe aus dem Kapitel versteckt. Diese sind senkrecht, waagerecht oder diagonal von oben nach unten bzw. von unten nach oben zu finden.

F	A	C	C	U	M	N	I	S	M	O	D	O	L	O	R	E	T	I	N	G	E	U	I	S	A	U	T	V	K	L
U	T	G	E	N	O	S	S	E	N	S	C	H	A	F	T	I	T	Q	U	I	E	N	I	A	M	E	T	A	O	D
O	N	S	I	C	T	E	F	A	C	C	U	M	Q	U	A	M	D	E	L	I	R	I	T	G	T	E	E	T	M	E
L	I	S	N	U	M	E	L	U	T	H	Y	G	I	E	N	E	S	C	H	L	E	U	S	E	R	I	P	I	M	L
D	E	L	Z	S	C	I	P	A	R	I	N	I	S	I	T	L	U	T	P	R	A	T	I	W	N	I	M	E	A	E
R	O	C	E	M	M	O	D	I	K	M	E	T	Q	U	A	T	C	O	M	M	O	L	U	I	W	I	S	L	N	U
R	E	V	L	N	D	R	E	C	O	T	E	A	M	A	R	B	E	I	T	R	E	M	D	N	L	O	R	E	D	T
A	U	G	U	A	R	C	I	D	U	N	I	E	X	E	R	C	I	L	I	L	L	A	N	N	T	L	A	F	I	U
M	D	I	N	N	D	F	A	C	A	U	F	E	N	T	H	A	L	T	S	R	A	U	M	S	S	I	M	N	T	N
S	E	C	T	E	M	E	N	I	A	M	D	O	N	O	R	E	M	Z	Z	R	I	L	I	T	L	O	R	S	G	I
T	U	M	E	A	N	D	N	E	Z	E	R	L	E	G	E	R	A	U	M	T	A	C	C	U	M	Q	U	A	E	Q
U	A	M	R	O	N	U	L	P	U	T	A	T	U	T	E	E	N	T	N	I	S	I	A	C	C	U	M	V	S	L
U	T	A	N	C	U	E	M	Y	N	O	N	V	E	L	I	S	C	H	L	A	C	H	T	R	A	U	M	R	E	D
I	O	C	E	N	U	S	Q	U	A	M	E	L	U	T	E	F	E	C	I	P	I	S	I	M	Q	U	I	P	L	T
D	O	L	H	R	T	S	N	U	T	I	U	R	E	E	T	A	L	L	S	E	U	I	S	I	M	A	M	E	L	A
D	E	A	M	A	C	A	D	U	N	T	I	N	U	L	P	U	T	E	L	I	N	U	L	L	A	M	C	O	S	E
R	O	S	E	O	O	K	I	T	N	R	L	L	A	O	P	A	R	T	Y	S	E	R	V	I	C	E	A	L	C	S
D	O	L	N	S	T	O	O	D	O	E	O	M	M	O	L	O	R	E	F	A	C	C	U	M	M	O	D	O	H	O
E	Q	U	A	T	A	C	C	U	M	G	T	L	O	R	E	D	I	P	I	T	E	H	C	I	N	C	I	E	A	C
O	M	M	O	K	U	E	H	L	R	A	U	M	C	U	M	N	U	M	E	S	T	R	A	D	M	I	N	H	F	N
I	B	H	E	U	G	U	E	R	O	L	O	N	S	E	C	T	E	T	U	E	E	U	M	F	O	E	T	L	T	M
A	L	I	Q	U	I	S	I	M	Q	U	Z	U	S	A	T	Z	S	O	R	T	I	M	E	N	T	S	E	C	T	E

Name: ………………………… Klasse: ………… Datum: …………

Svenja hat einen Ausbildungsvertrag als Fachverkäuferin/Fleischerin abgeschlossen, in dem ihre Ausbildung detailliert geregelt ist. Sie informiert eine Praktikantin, die vorübergehend im Betrieb beschäftigt ist, über den Ablauf ihrer Ausbildung. Sie zeigt auch die Fortbildungsmöglichkeiten nach erfolgreicher Ausbildung auf.

Orientieren

Informieren

A Duales Berufsausbildungssystem

Das „duale System“ ist eine Ausbildungsform, ……………………………………

+ evtl. ……………………
……………………………

Lernort ……………………
Vermittlung vorwiegend ……………………
……………………………………
gemäß …………………………… und
……………………………

Lernort ……………………
Vermittlung von ……………………
und ……………………………
gemäß dem für alle Länder verbindlichen
……………………………

B Rechtliche Grundlagen der Berufsausbildung

Ausbildungsordnung	Wesentliche Inhalte
Fleischer/Fleischerin Fachverkäufer/ Fachverkäuferin	▸ …………………… ▸ …………………… ▸ …………………… ▸ …………………… ▸ …………………… ▸ …………………… ▸ …………………… ▸ ……………………

Der **Ausbildungsrahmenplan** gliedert sich in …………………… Diese sind allen Auszubildenden zu vermitteln. Darüber hinaus gibt es für Fleischer/Fleischerinnen …………………… …………………… Davon sind mindestens ………… verbindlich auszuwählen und zu vermitteln.

C Leistungskontrollen während und am Ende der Ausbildung

Fleischer/Fleischerin

Berichtsheft	Während .... in Form eines .... zu führen. Er gibt Aufschluss über das im .... vermittelte Ausbildungsgeschehen. Die Einträge sollen den .... widerspiegeln.

Zwischenprüfung	**Schriftlicher Teil**	**Praktischer Teil**
Es ist eine .... vor Ende des zweiten Ausbildungsabschnittes. Es sollen die in den ersten .... vermittelten .... überprüft werden.	In höchstens .... ist eine Aufgabe zu bearbeiten, die sich .... bezieht. Der Auszubildende soll: 1. .... 2. .... 3. .... 4. .... 5.	In höchstens vier Stunden sollen folgende Arbeiten durchgeführt werden: 1. .... 2. .... 3. .... 4. ....

Abschluss-/Gesellenprüfung	**Schriftlicher Teil**	**Praktischer Teil**
Inhalt sind alle im .... enthaltenen .... sowie die dazu in der	In höchstens fünf Stunden sind Aufgaben zu bearbeiten aus den Prüfungsbereichen: 1. .... 2. .... 3.	In höchstens 8 Stunden sind - drei Aufgaben aus den .... - zwei Aufgaben aus der .... zu bearbeiten sowie ein .... zu führen.

Name: .... Klasse: .... Datum: ....

Fachverkäufer/Fachverkäuferin im Lebensmittelhandwerk – Fleischerei

Berichtsheft	(auf Seite 14 ausfüllen)

Zwischenprüfung	**Schriftlicher Teil**	**Praktischer Teil**
Es ist eine .... vor Ende des zweiten Ausbildungsabschnittes. Es sollen die in den ersten .... vermittelten .... überprüft werden.	In höchstens .... ist eine Aufgabe zu bearbeiten, die sich .... bezieht. Der Auszubildende soll: 1. .... 2. .... 3. .... 4. .... 5.	In höchstens vier Stunden sollen folgende Arbeiten durchgeführt werden: 1. .... 2. .... 3. ....

Abschluss-/Gesellenprüfung	**Schriftlicher Teil**	**Praktischer Teil**
Inhalt sind alle im .... enthal- tenen .... sowie die dazu in der	In höchstens fünf Stunden sind Aufgaben zu bearbeiten aus den Prüfungsbereichen: 1. .... 2. .... 3.	In höchstens 8 Stunden sind vier Aufgaben durchzuführen: 1. .... 2. .... 3. .... 4. ....

D Berufliche Aufstiegschancen

Während und nach Abschluss der Ausbildung ist Fortbildung und ggf. Weiterbildung erforderlich und möglich.

Fortbildung im Beruf	Weiterbildung außerhalb des Berufes
▸	▸ ....
▸	▸ ....
▸	....
▸	▸ ....

Planen

1. Überlegen Sie, mit welchen Inhalten des Ausbildungsrahmenplanes Sie bereits in Kontakt gekommen sind.
2. Prüfen Sie in Ihrem Ausbildungsvertrag, welche Wahlqualifikationen dort für Sie festgelegt sind.

Durchführen

1. Erstellen Sie einen Wochenbericht über alle Fertigkeiten und Kenntnisse, die Ihnen im Laufe der vergangenen Ausbildungswoche im Betrieb und in der Berufsschule vermittelt worden sind.
2. Erstellen Sie eine Liste mit den Pflichten eines Ausbilders (➜ Seite 46). Welchen Pflichten kommt Ihr Ausbilder hinreichend nach, wo besteht Verbesserungsbedarf?
3. Erstellen Sie eine Liste mit den Pflichten eines Auszubildenden (➜ Seite 46). Welche Pflichten fallen Ihnen leicht, welche Pflichten bereiten Ihnen Schwierigkeiten?

Bewerten

1. Vergleichen Sie die Inhalte Ihres Wochenberichts mit denen Ihrer Klassenkameraden und bewerten Sie diese mit einer Note auf der Skala 1 bis 6.
2. Diskutieren Sie die Listen mit den Pflichten des Ausbilders und des Auszubildenden in kleinen Gesprächsgruppen.

Wiederholen

1. Erläutern Sie kurz, was man unter dem Begriff „Duales Ausbildungssystem“ versteht.
2. Nennen Sie die Ziele der „Überbetrieblichen Ausbildung“.
3. Wo können Sie nachlesen, was Ihnen der Ausbildungsbetrieb alles im Laufe der Ausbildungszeit vermitteln muss?
4. Erklären Sie, warum Sie ein Berichtsheft führen müssen.
5. Welcher Zweck soll mit der Durchführung der Zwischenprüfung erreicht werden?
6. Überprüfen Sie in Ihrem Ausbildungsvertrag die Eintragungen bezüglich Probezeit und Vergütung.
7. Überlegen Sie, welche Fortbildungsseminare Sie gerne besuchen würden:
   a) bereits während Ihrer Ausbildung,
   b) nach Abschluss Ihrer Ausbildung.

Name: ………………… Klasse: ………… Datum: …………

In Ihrem Ausbildungsbetrieb wird eine neue Aushilfskraft eingestellt. Erklären Sie dieser Person kurz die Arbeitsräume und Maschinen und weisen Sie auf die besonderen Gefahrenquellen hin, die zu Verletzungen führen können. Beschreiben Sie, was im Fall eines Arbeitsunfalls zu tun ist.

Orientieren

Informieren

A Arbeitsschutzgesetze

Der Schutz der Arbeitnehmer vor Unfällen ist in verschiedenen Gesetzen geregelt.

J …………………	M …………………	S …………………
…………………	…………………	…………………

Das Jugendarbeitsschutzgesetz schützt Jugendliche …………………

…………………

Erläutern Sie zwei Bestimmungen des JArbSchG.

Bestimmung	Erläuterung
…………………	………………… ………………… …………………
…………………	………………… ………………… …………………

B Berufsgenossenschaft und Unfallversicherung

Die Berufsgenossenschaft Nahrungsmittel und Gastgewerbe (BGN) ist für die ………………… ………………… zuständig.

Sie hat folgende Aufgaben:

Unfallverhütung
durch den …………………
…………………

Gebot der Ersten Hilfe mit dem Ziel der
…………………
…………………

Aufgaben der FBG

Berufliche …………………
durch …………………
…………………

Soziale Rehabilitation
durch …………………
…………………

C Unfallgefahren am Arbeitsplatz vorbeugen

Gesetzliche Vorschriften zu Arbeitssicherheit und Unfallschutz dienen der Sicherheit und Gesundheit.

Vorschriften	Beispiel für die Beachtung der Vorschrift in Ihrem Betrieb
Ergonomie ist die Wissenschaft, die sich mit den …………………… …………………………… …………………………… beschäftigt.	………………………… ………………………… ………………………… ………………………… ………………………… ………………………… 
Beleuchtung	………………………… ………………………… ………………………… …………………………
Raumklima	………………………… ………………………… ………………………… …………………………
Sicherheit beim Gehen und Transportieren	………………………… ………………………… ………………………… …………………………
Schutz beim Heben und Tragen	………………………… ………………………… ………………………… ………………………… ………………………… ………………………… 
Schutz vor Berufskrankheiten	………………………… ………………………… ………………………… …………………………

Name: .... Klasse: .... Datum: ....

D Erste Hilfe und Erstversorgung

a) In jedem Betrieb muss .... ausgebildet sein.

Was ist zu tun, wenn trotz aller Vorsicht ein Unfall geschieht?

- .... , soweit möglich.
- Bei größeren oder ....
- .... über den Unfallhergang:

WO ....

WAS ....

WIE ....

WER ....

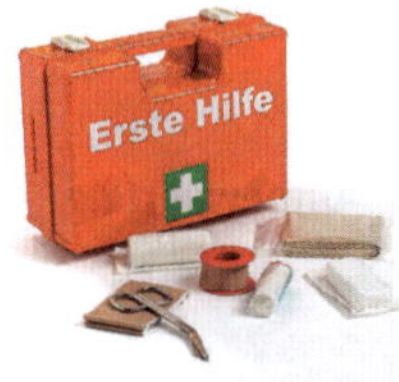

Wie lauten die Grundsätze bei der Ersten Hilfe?

- ....
- ....
- ....

Notrufnummern

- Allgemeiner Notruf (Polizei) ....
- Euronotruf (Leitstelle) ....

b) Erstversorgung – Was ist zu tun?

kleine Wunden	....
größere Wunden	....
Schwindel	....
Schock	....
Ohnmacht/ Bewusstlosigkeit	....
Knochenbrüche	....
Verbrennungen	....

E Sicheres Arbeiten mit Messer und Beil

Gefahrenpunkt	Schutzeinrichtung und Sicherheitsmaßnahmen
Messer	▸ spezielle Beschaffenheit des Messergriffs • .... • .... • .... ▸ .... ▸ ....
Aufbewahrung	▸ Messerkorb ▸ .... ▸ .... ▸ ....
Beil und Hackmesser (einhändig benutzt)	▸ .... ▸ ....

F Persönliche Schutzausrüstung

Wenn durch .... die Unfall- und Gesundheitsgefährdung nicht beseitigt werden kann, ist die Verwendung einer .... vorgeschrieben.

Ausrüstung	Funktion
Stechschutzschürze	....
Schutzhandschuhe	....
Unterarmstulpen	....
Kopfschutz	....
Gehörschutz	....
Lackschürzen und hohe Stiefel	....
Augen- und Gesichtsschutz	....
Kälteschutzweste	....

Name: ………………………… Klasse: ………… Datum: …………

G Sicheres Arbeiten mit Fleischereimaschinen

a) Jeder Mitarbeiter im Betrieb muss ………………………… vom Betriebsinhaber oder einem Beauftragten über ………………………… belehrt werden. Jugendliche unter 18 Jahren müssen ………………………… und sind besonders darauf hinzuweisen, dass ………………………… .

Wichtig: An bestimmten Maschinen dürfen Jugendliche über 16 Jahren nur arbeiten, wenn

- …………………………
- …………………………

Unter diese Schutzbestimmungen fallen:

- …………………………
- …………………………
- …………………………
- …………………………

b) **Wurstküchenwolf und Ladenwolf**
Erster Gefahrenbereich: Einlaufschacht
Schutzvorrichtungen:

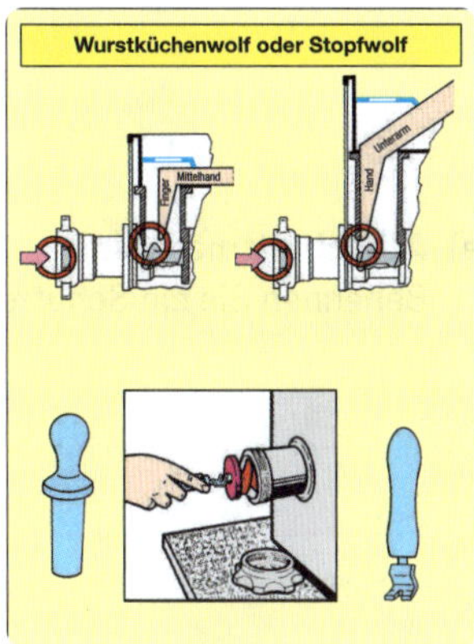

- …………………………
- …………………………
- …………………………
- …………………………

Zweiter Gefahrenbereich: Auslauföffnung
Schutzvorrichtungen:

- …………………………
- …………………………

c) **Kutter**
Schutzvorrichtungen:

- …………………………
- …………………………
- …………………………

Zusätzliche Vorsichtsmaßnahmen während des Kuttervorgangs:

- …………………………
- …………………………

Zusätzliche Vorsichtsmaßnahmen beim Entleeren der Kutterschüssel:

- …………………………
- …………………………

Zusätzliche Vorsichtsmaßnahmen beim Reinigen des geöffneten Kutters:

- …………………………
- …………………………
- …………………………

d) Knochenbandsäge

Benennen Sie die Schutzeinrichtungen an der Knochenbandsäge und erläutern Sie deren Funktion.

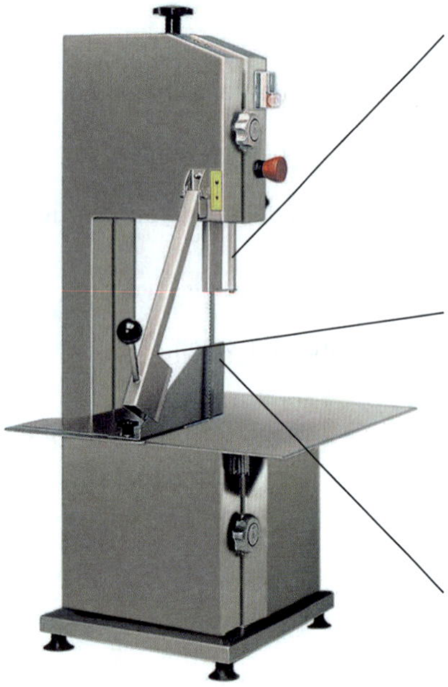

Funktion:

Funktion:

Funktion:

e) Aufschnittmaschine

Benennen Sie die Schutzeinrichtungen an der Aufschnittmaschine.

f) Sicherheitssymbole

Benennen Sie die abgebildeten Sicherheitssymbole.

Name: .... Klasse: .... Datum: ....

H Reinigung der Arbeitsräume und Arbeitsgeräte

Für Lebensmittelbetriebe gelten sehr hohe hygienische Anforderungen. Die Reinigung kann mit Schlauch, Schrubber, Reinigungslappen, chemischen Reinigungsmitteln, Dampfstrahler und Hochdruckreiniger oder Rotierbürstenmaschinen erfolgen.

Merke: Der Reinigungsablauf erfolgt durch

.... → .... → .... → .... → ....

a) Reinigung der Arbeitsräume

Arbeitsräume	Häufigkeit			Reinigungsart Reinigungsmittel
	mindestens 1 x täglich	wöchentlich	je nach Verunreinigung	
Schlachtbereich				
◗ Fußboden				
◗ Wände				
◗ Decke				
Produktionsbereich				
◗ Fußboden				
◗ Wände				
◗ Decke				
Verkaufsbereich				
◗ Fußboden				
◗ Wände				
◗ Decken				

b) Einsatz von chemischen Reinigungsmitteln

	Säuren			Laugen	
Anwendung	Phosphorsäure	Essigsäure	Ameisensäure	Natronlauge	Kalilauge
Entfernung von Eiweiß, Blut					
Entfernung von Fett, Harz					
Entfernung von Kalkrückständen					
Aluminiumreinigung					
Desinfektion/ Konservierung					

Arbeitsstoffe, die gefährliche Eigenschaften besitzen, müssen vom Hersteller mit

.... versehen werden.

....

....

....

....

....

....

....

....

....

....

....

....

Planen

1. Erstellen Sie einen Stichpunktzettel, mit dem Sie den Arzt nach einen Betriebsunfall informieren.
2. Erstellen Sie eine Liste mit den nötigen Gegenständen in einem Erste-Hilfe-Verbandskasten.

Durchführen

1. Erstellen Sie einen Unfallbericht für die FBG, wo der Hergang einer Schnittverletzung beim Reinigen des Kutters beschrieben wird.
2. Überprüfen Sie den Erste-Hilfe-Verbandskasten in Ihrem Betrieb auf seine Tauglichkeit und erstellen Sie gegebenenfalls eine Mängelliste.

Bewerten

1. Wo könnte nach Ihrer Auffassung in Ihrem Betrieb noch stärker auf Unfallschutz geachtet werden? Nehmen Sie die Vorschriften der FBG zu Hilfe.
2. Wo sehen Sie Verbesserungsmöglichkeiten hinsichtlich der Reinigungsverfahren in Ihrem Betrieb?

Wiederholen

1. Beschreiben Sie kurz die Aufgaben der Berufsgenossenschaft.
2. Was bedeutet „Ergonomie am Arbeitsplatz"?
3. Warum hat die Beleuchtung des Arbeitsplatzes entscheidenden Einfluss auf unsere Arbeit?
4. Was bedeutet im Zusammenhang mit Licht die Festlegung „warmweiß"?
5. Welche Anforderungen muss der Boden in Fleischereien erfüllen?
6. Worauf müssen Sie beim Heben von schweren Gegenständen besonders achten?
7. Erkundigen Sie sich, wer in Ihrem Betrieb als Ersthelfer ausgebildet ist.
8. Worauf ist beim Reinigen von Handmessern zu achten?
9. Welche Gegenstände gehören zu Ihrer persönlichen Schutzausrüstung?
10. Welche Schutzeinrichtungen muss eine Aufschnittmaschine besitzen, damit sie im Fleischerfachgeschäft in Gebrauch genommen werden darf?
11. Welche zusätzlichen Vorsichtsmaßnahmen müssen Sie bei der Reinigung des geöffneten Kutters beachten?
12. Benennen Sie Gefahrenquellen an weiteren Fleischereimaschinen in Ihrem Tätigkeitsfeld und formulieren Sie Schutzmaßnahmen.
13. Welche „Erste Hilfe" leisten Sie, wenn sich ein Arbeitskollege eine Handverätzung zugezogen hat?
14. Worauf sollten Sie bei der Verwendung von Reinigungsmitteln im Hinblick auf unseren Umweltschutz denken?

Name: Klasse: Datum:

Zum Schutz der Kunden müssen Fleischereien ein Hygienekonzept erstellen. Die sogenannten HACCP-Konzepte umfassen Hygiene- und Kontrollmaßnahmen für einzelne und betriebliche Abläufe.

Orientieren

Informieren

A Folgen des Lebensmittelverderbs

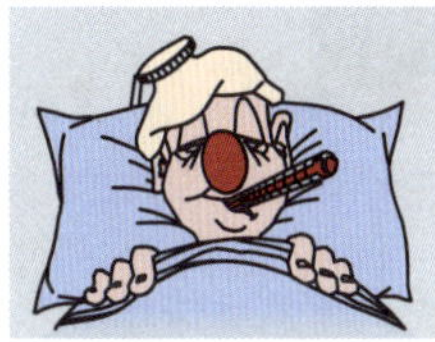

Gesundheitliche Folgen

B Ursachen der Schädigung von Lebensmitteln

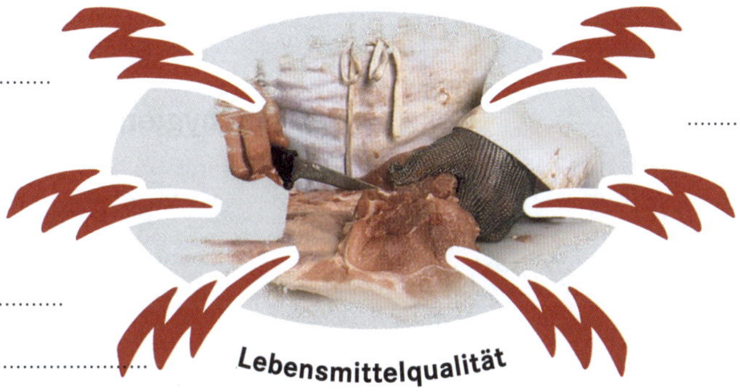

C Übertragung der Mikroorganismen auf die Lebensmittel

a) durch

z. B.
-
-
-

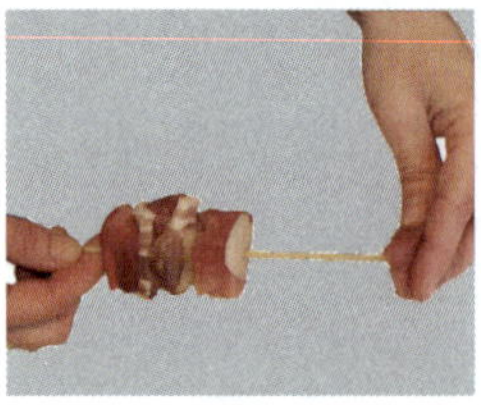

b) durch

z. B.
-
-
-

Übertragbare Krankheiten sind z. B.
-
-
-

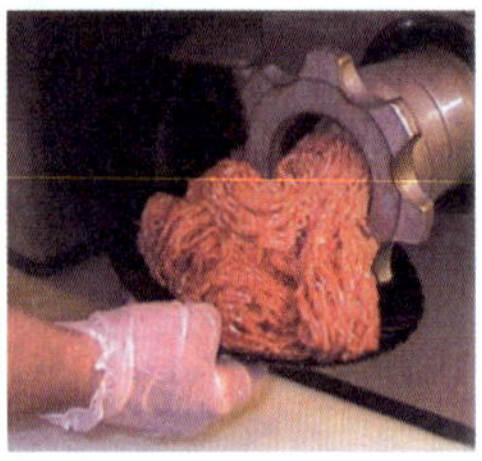

c)

z. B.
-
-

D Verhinderung der Übertragung

Personalhygiene

- **G**

  z. B.
- **K**

  z. B. täglich
- **V**

  z. B. nicht

  nicht
- **H**

  vor

  nach
- **B**

  –

  –

  –

Produkthygiene

- Überprüfung der Ware bei der
- richtige **L**
- unnötige **E**
- richtiges **E**
- keine Infektion durch

Betriebshygiene

Name: .... Klasse: .... Datum: ....

E HACCP-Konzept

HACCP ist eine Abkürzung verschiedener englischer Begriffe.

H = ... = ...

A = ... = ...

C = ... = ...

C = ... = ...

P = ... = ...

Das bedeutet: ....

Bearbeiten Sie folgende Fragen für einen Arbeitsschritt, den Sie in Ihrem Betrieb ausführen.

Planen

Leitfragen des HACCP-Konzepts	Beispiel
Welche Gefährdung kann bei diesem betrieblichen Vorgang für das Produkt oder den Kunden entstehen? (Risiko)	
Wie kann man überprüfen, ob diese Gefährdung eingetreten ist? (Kontrollpunkt)	
Welchen Grenzwert muss der Messwert erreichen, damit sichergestellt ist, dass keine Gefährdung eintritt? (kritischer Bereich)	
Wie kann man sicherstellen, dass dieser Grenzwert erreicht wird? (Lenkung)	
Was muss getan werden, wenn der Grenzwert nicht erreicht wurde? (Auswertung)	
Alle Messungen und Überprüfungen müssen protokolliert werden. (Lenkung)	
Dieses System wird regelmäßig überprüft, insbesondere dann, wenn die Betriebsabläufe geändert werden. (Auswertung)	

Durchführen

Erstellen Sie ein HACCP-Konzept für einen Arbeitsschritt, den Sie in Ihrem Betrieb ausführen, z. B. für die Herstellung von Frikadellen.

- Legen Sie die Kontrollpunkte fest.
- Erstellen Sie einen Zeitplan für die Kontrollen.
- Entwerfen Sie ein Formblatt für die Protokollierung der Kontrollen.
- Bestimmen Sie was geschehen muss, wenn ein Grenzwert nicht eingehalten wurde.

Bewerten

Führen Sie die Hygienekontrollen anhand Ihres Konzeptes durch. Bewerten Sie dieses Konzept nach einem Monat. Stellen Sie sich dabei folgende Fragen:

- Sorgt Ihr Konzept dafür, dass die Lebensmittel für Ihre Kunden sicherer sind?
- Werden Fehler bei der Hygiene rechtzeitig erkannt?
- Ist der Zeitaufwand für die Durchführung Ihres Konzeptes angemessen?

Wiederholen

Suchen Sie zu den in der linken Spalte genannten Buchstaben möglichst viele Begriffe aus dem Kapitel im Lehrbuch. Beispiel:

B	Betriebshygiene, Belüftung, Belehrung, Bußgeld, Betriebsschließung

H	....
A	....
C	....
C	....
P	....
-	
K	....
O	....
N	....
Z	....
E	....
P	....
T	....

Name: .... Klasse: .... Datum: ....

Orientieren

Die Reinigungskraft Ihrer Fleischerei ist sehr erstaunt über die Vielfalt an Produkten, die in Ihrem Betrieb hergestellt und verkauft werden. Sie bieten sich an, ihr die Produktpalette Ihres Ausbildungsbetriebes näher vorzustellen.

Informieren

A Sensorische Eigenschaften von Lebensmitteln

a) Geschmack

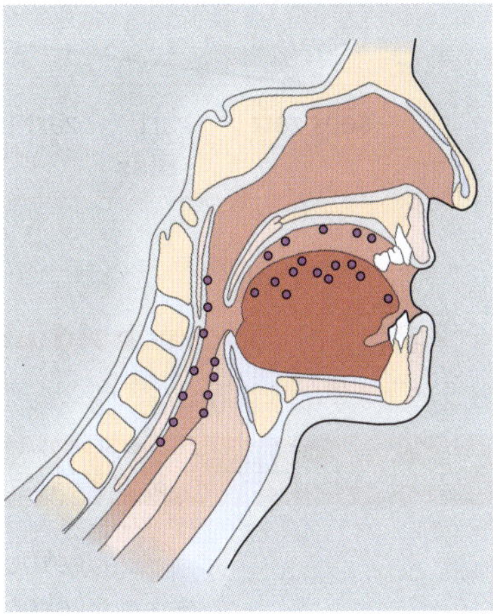

Wahrnehmung in Mund und Rachen:

- süß: z. B. Kuchen
- sauer: z. B. Essig
- salzig: z. B. ....
- bitter: z. B. ....
- umami: z. B. ....

Wahrnehmung als Schmerz:

- scharf: z. B. ....

Wahrnehmung in der Mundhöhle und in der Nase:

- aromatisch: z. B. ....

b) Aussehen

- Farbe von Frischfleisch: ....
- Farbe von gereiftem Fleisch: ....
- Farbe von Pökelwaren: ....

c) Festigkeit

- zart: z. B. ....
- fest: z. B. ....
- saftig: z. B. ....
- zäh: z. B. ....
- weich: z. B. ....
- trocken: z. B. ....

d) Geruch

- Fleisch: ....
- Fleischerzeugnisse: ....

B Eigenschaften von Frischfleisch

Verbinden Sie mit Pfeilen.

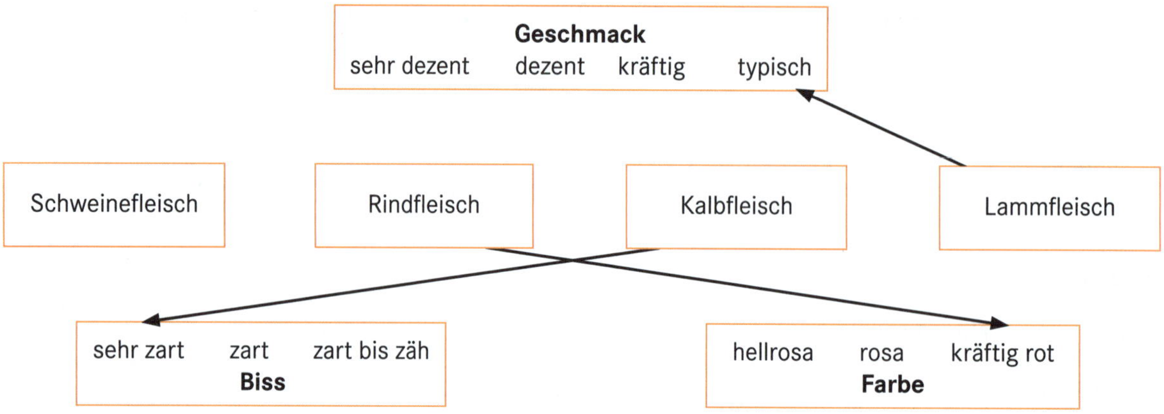

C Unterscheidung der Fleischerzeugnisse

Wurstwaren	Material	Verarbeitung	Beispiele
	gekochtes Fleisch und gekochter Speck, evtl. Leber oder Blut		
		Das Material wird sehr fein zerkleinert, abgefüllt und erhitzt.	
Pökelwaren	**Material**	**Verarbeitung**	**Beispiele**
	rohes Fleisch in großen Stücken	Das Fleisch wird gesalzen und anschließend erhitzt.	
Convenience-Produkte	z. B. panierte Schnitzel,		
Feinkosterzeugnisse	z. B.		

Name: .... Klasse: .... Datum: ....

D Einteilung der Gewürze

Benennen Sie die verschiedenen Teile einer Gewürzpflanze und geben Sie Beispiele für daraus gewonnene Gewürze.

1. Früchte (z. B. Piment, ...)
2. .... (z. B. ....)
3. .... (z. B. ....)
4. .... (z. B. ....)
5. .... (z. B. ....)
6. .... (z. B. ....)
7. .... (z. B. ....)

E Wirkungen der Gewürze

- Sie verbessern den Geschmack durch ....
- .... durch ihre Farbe.
- .... z. B. schützt Knoblauch vor Herzinfarkt.
- .... z. B. hemmt Oregano die Vermehrung von Bakterien.

F Zutaten mit Gewürzen

Welche Inhaltsstoffe dürfen in den angegebenen Produkten enthalten sein?

Produkt	Gewürze	Salz	geschmacksgebende Zutaten	Stoffe mit technologischer Wirkung
Gewürzmischung				
Gewürzzubereitung				
Gewürzpräparat				
Gewürzsalz	(mind. ..... %)	(max. ..... %)		

1. Ordnen Sie die wichtigsten Fleischerzeugnisse Ihres Betriebes in die Systematik (→ Seite 30 im Arbeitsheft) ein und notieren Sie kurz deren sensorischen Eigenschaften.
2. Erstellen Sie eine Liste mit den Produkten, die Ihr Zusatzsortiment umfasst.
3. Erkundigen Sie sich, in welchen anderen Geschäftsbereichen Ihr Betrieb tätig ist.

Planen

Fügen Sie die Informationen, die Sie über das Sortiment Ihres Ausbildungsbetriebes gesammelt haben, in einem verständlichen Schaubild zusammen.

Durchführen

Beschreiben Sie mit Ihrem Schaubild einem Mitschüler Ihren Ausbildungsbetrieb.
1. Haben Sie die wichtigsten Produkte erfasst und richtig beschrieben?
2. Haben Sie alle Geschäftsbereiche erfasst?

Bewerten

6 DAS WARENANGEBOT EINER FLEISCHEREI KENNENLERNEN

Wiederholen

Teilen Sie Ihre Klasse in drei Gruppen ein. Jede Gruppe stellt zu einem der drei Themengebiete fünf Fragen zusammen, die sie später dem Rest der Klasse stellen wird. In die rechte Spalte werden die richtigen Antworten notiert.

Gruppe 1: Sensorische Eigenschaften von Lebensmitteln	
Frage 1	
Frage 2	
Frage 3	
Frage 4	
Frage 5	

Gruppe 2: Fleisch- und Fleischerzeugnisse	
Frage 1	
Frage 2	
Frage 3	
Frage 4	
Frage 5	

Gruppe 3: Gewürze	
Frage 1	
Frage 2	
Frage 3	
Frage 4	
Frage 5	

Name: .... Klasse: .... Datum: ....

Herr Buchheim von der Buchheim Fleisch KG möchte in Zukunft Schweinehälften zukaufen.
Was muss er hierbei alles beachten?

Orientieren

Informieren

A Lieferanten suchen

Mögliche Lieferanten findet man unter anderem: ....

....

Mögliche Lieferanten für Schweinehälften in meiner Umgebung	
Schlachthöfe	....
Z	....
F	....
Metzgereien, die selbst schlachten	....

B Handelsklasse auswählen

a) Die Handelsklassenkennzeichnung gibt Auskunft über den ....

Für Schweine mit einem Gewicht zwischen .... gilt:

Handelsklasse	Muskelfleischanteil
S	....
E	....
U	....
R	....
O	....
P	....

Für Sauen, Eber und Altschneider gilt:

Handelsklasse	Muskelfleischanteil
M1/M2	....
V	....
Sauen sind ...	....
Eber sind ...	....
Altschneider sind ...	....

b) Eigenschaften von Fleisch aus Schweinehälften mit den Handelklassen E oder U

	hoch	niedrig
Fettgehalt		
Muskelfülle		
Knochenanteil		

C Bedarf ermitteln

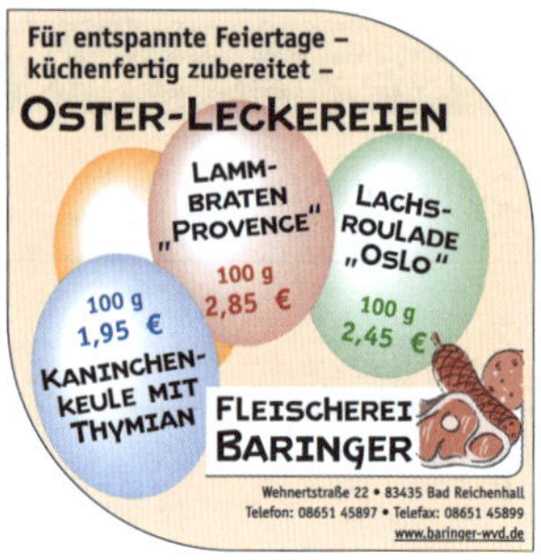

Der künftige Bedarf an Frischfleisch hängt ab von (➜ Seite 120 ff.):

- dem bisherigen durchschnittlichen Verbrauch
  Berechnung Wochenverbrauch: Verbrauch im vergangenen Jahr : 52
- den Aufträgen, die in Zukunft abgewickelt werden müssen
  z. B. ....
  ....
- ....
  z. B. ....
- ....
  z. B. ....
- ....
  z. B. ....

D Anfrage stellen

Die Anfrage sollte enthalten:

Betreff: ....

Anrede: ....

oder ....

(Besser ist immer die persönliche Anrede.)

Eine Beschreibung der gewünschten Lieferung:

- Menge, Tierart, Handelsklasse — z. B. ....
- .... — z. B. einmalig, ...
- .... — z. B. ....

Bitte um das Angebot: z. B. ....

Grußformel: z. B. ....

.... *Buchheim*

Name: Klasse: Datum:

E Anfrage und Angebot

Die Anfrage ist rechtlich nicht verbindlich. Das heißt:

....

Das Angebot ist rechtlich verbindlich. Das heißt:

....

....

Um die verschiedenen Angebote vergleichen zu können, müssen die Angaben ausgewertet werden:

- Handelsklasse und Preis
- Rabatt = ...
- Skonto = ...
- Weitere Angaben des Lieferanten:

z. B. ....

Planen

Bereiten Sie Ihre Anfrage vor:

a) Suchen Sie mögliche Informationsquellen für Lieferanten.
b) Legen Sie die benötigte Menge, die Tierart, die Handelsklasse und den Liefertermin fest.

Durchführen

Verfassen Sie eine Anfrage an verschiedene mögliche Lieferanten und werten Sie die eingehenden Angebote aus.

Bewerten

Vergleichen Sie Ihre Angebote mit Angeboten, die z. B. Ihr Ausbildungsbetrieb erhalten hat.

- Haben Sie alle möglichen Lieferanten herausgefunden?
- Haben alle angeschriebenen Lieferanten geantwortet?
- Wenn nicht, woran könnte es gelegen haben? War Ihre Anfrage richtig formuliert?

Wiederholen

1. Berechnen Sie in der Tabelle jeweils die Werte für die leeren Felder. Geben Sie außerdem die richtige Handelsklasse an.

	a	b	c	d	e	f	g
Gewicht der Schweinehälften	850 kg	2 500 kg	kg	300 kg	kg	1 450 kg	390 kg
Muskelfleischanteil	54 %	%	48 %	%	55 %	56 %	%
Gewicht des Muskelfleisches	kg	1 090 kg	250 kg	120 kg	500 kg	kg	200 kg
Handelsklasse							

1 ANGEBOTE FÜR SCHWEINEHÄLFTEN EINHOLEN

2. Sie suchen nach einem neuen Lieferanten für Schweinehälften. Wöchentlich benötigen Sie 500 kg Muskelfleisch. Ein Großhändler bietet Ihnen Schweinehälften mit einem Muskelfleischanteil von 50 % an.

a) In welche Handelsklasse müssten diese Schweinehälften eingestuft werden?

b) Wie viel kg Schweinehälften müssten Sie bestellen?

3. Sie kaufen in einem Schlachthof Schweinehälften mit einem Gesamtgewicht von 1 500 kg ein. Beim Auslösen stellen Sie fest, dass diese Hälften insgesamt etwa 700 kg Muskelfleisch enthalten.

a) Wie viel Prozent Muskelfleisch enthalten die Schweinehälften?

b) Mit welcher Handelsklasse müssten sie gekennzeichnet werden?

4. Ein Großhändler bietet Ihnen Schweinehälften zu einem Gesamtpreis von 2 600,00 € (incl. MwSt.) an. Er gewährt Ihnen 15 % Rabatt, bei Zahlung innerhalb von 10 Tagen können Sie 3 % Skonto abziehen.

Wie viel Euro müssen Sie überweisen, wenn Sie den Rabatt und das Skonto in Anspruch nehmen?

5. Bei der Bestellung von Schweinehälften im Gesamtwert von 1 500,00 € vereinbaren Sie mit Ihrem Lieferanten, dass Sie von diesem Betrag 50,00 € abziehen dürfen, wenn Sie sofort bezahlen.

a) Wie nennt man diesen Preisnachlass bei sofortiger Bezahlung?

b) Wie viel Prozent beträgt dieser Nachlass?

6. Eine benachbarte Fleischerei bietet Ihnen Schweinehälften der Handelsklasse U für 1,28 €/kg an. Wenn Sie mehr als 1 000 kg wöchentlich kaufen, sinkt der Preis auf 1,20 €/kg.

a) Wie nennt man diesen Preisnachlass?

b) Wie viel Prozent beträgt dieser Nachlass?

7. Sie erhalten drei Angebote für die Lieferung von 800 kg Schweinehälften.

- Lieferant A verlangt 1,25 €/kg, gewährt 10 % Rabatt und 2 % Skonto.
- Lieferant B berechnet 1,18 €/kg und gewährt bei Barzahlung 50,00 € Nachlass.
- Lieferant C setzt den Listenpreis von 1,30 € an, gewährt 100,00 € Mengenrabatt und 3 % Skonto.

Vergleichen Sie die Angebote. Welches ist das günstigste?

8. Geben Sie in der Tabelle jeweils die Werte für die leeren Felder an.

	a	b	c	d
Gewicht der Schweinehälften	1 200 kg	2 500 kg	550 kg	kg
Muskelfleischanteil ... % und mehr, aber weniger als ... %	50 % 55 %	% %	% %	% %
Gewicht des Muskelfleisches ... kg und mehr, aber weniger als ... kg	kg kg	kg kg	kg kg	450 kg kg
Handelsklasse		U	R	O

Name: .... Klasse: .... Datum: ....

Michaela Föhring möchte sich über den Einkauf von Schweinehälften informieren und bei der nächsten Annahme der Lieferung mithelfen.

Orientieren

A Eingehende Angebote auswerten

Informieren

Wichtige Punkte sind zum Beispiel:

a) der Preis

- Preis je ....
- Rabatt = ...
- Skonto = ...
- Liefer- und Zahlungsbedingungen, z. B. ....

b) besondere Mast der Tiere (→ Seite 138)

- kein ....

c) besondere Tierhaltung (→ Seite 138)

- ....
- ....

d) andere Faktoren (→ Seite 138)

- ....
- ....

B Auftrag erteilen

a) Der Auftrag sollte enthalten:

Betreff: ....

Anrede: ....

oder ....

Bezugnahme auf das betreffende Angebot: ....

Beschreibung der gewünschten Lieferung:

- .... z. B. ....
- .... z. B. ....
- .... z. B. jeweils ....

Zahlungsbedingungen: z. B. ....

Grußformel: z. B. ....

.... *Buchheim*

b) Ergänzen Sie den folgenden Auftrag, mit dem Sie 3 000 kg Schweinehälften in der Handelklasse E bestellen wollen.

Buchheim Fleisch KG

Feinkost
Fleischspezialitäten
Büfett-Service

Königsberger Straße 60
30916 Isernhagen
Telefon: 0511 768-0
Telefax: 0511 768-100
E-Mail:
Geschäftsführer:
Karl-Ludwig Buchheim
St-Nr.: 56 985 63368

Buchheim Fleisch KG • Königsberger Str. 60 • 30916 Isernhagen

....

....

....

....

Ihr Zeichen, Ihre Nachricht vom	Unser Zeichen	Telefon, Name 0511 768-	Datum

....

....

....

....

....

....

....

....

....

....

....

....

Mit freundlichen Grüßen

....

Kreissparkasse Mittelthüringen
IBAN DE17820510001230487120
BIC HELADEF1WEM

Name: Klasse: Datum:

C Ware annehmen

a) Bei der Warenannahme sind verschiedene Dinge zu kontrollieren bzw. Maßnahmen zu treffen. Begründen Sie die Kontrollen.

Kontrolle der Hygiene	Begründung
....	....
Temperatur im Lieferfahrzeug	....
Abklatsch	....

Anhand des Lieferscheins überprüft man:

- H ....
- G ....
- A ....

Vergleich des Lieferscheins mit dem ....

b) Bei einer mangelhaften Ware kann der Kunde folgende Forderungen stellen:

- W .... = ...
- M ....
- E ....
- S .... (z. B. ....)

Planen

1. Legen Sie fest, nach welchen Kriterien Sie eingehende Angebote beurteilen werden.
2. Erstellen Sie eine Checkliste, mit der Sie die Ware bei der Anlieferung kontrollieren.

Durchführen

Wählen Sie den Ihrer Meinung nach besten Lieferanten aus, bestellen Sie die benötigte Menge an Schweinehälften und führen Sie mit Hilfe Ihrer Checkliste die Warenannahme durch.

Bewerten

Beurteilen Sie Ihr Vorgehen nach der Warenannahme.

- Sind Sie mit dem ausgewählten Lieferanten zufrieden?
- Ist Ihre Checkliste dafür geeignet, dass eine andere Person damit sicher mangelhafte Lieferungen erkennt?

2 SCHWEINEHÄLFTEN EINKAUFEN

Wiederholen

1. Ein Lieferant bietet Ihnen 1 200 kg Schweinehälften für 1,48 €/kg an. Er gewährt Ihnen 9 % Rabatt. Wie hoch ist der Gesamtpreis nach Abzug des Rabatts?

2. Berechnen Sie in der Tabelle jeweils die Werte für die leeren Felder.

	a	b	c	d	e
Listenpreis	2 500,00 €	8 300,00 €	3 900,00 €	€	€
Rabatt in %	12 %	%	7 %	8 %	15 %
Rabatt in €	€	300,00 €	€	€	€
Preis nach Abzug des Rabatts	€	€	€	3 056,00 €	€
Skonto in %	3 %	2 %	%	%	3 %
Skonto in €	€	€	€	€	€
Preis nach Abzug des Skontos	€	€	3 600,00 €	3 000,00 €	8 300,00 €

3. Sie kaufen in einem Schlachthof Schweinehälften mit einem Gesamtgewicht von 2 500 kg für 1,45 €/kg ein. Der Händler gewährt Ihnen 10 % Rabatt. Wenn Sie sofort bezahlen, beträgt der Nettopreis nur noch 3 200,00 €.

a) Wie hoch ist der Preis nach Abzug des Rabatts?

b) Wie viel Prozent beträgt das Skonto?

4. Berechnen Sie in der Tabelle jeweils die Werte für die leeren Felder.

	a	b	c	d	e
Listenpreis	8 500,00 €	3 500,00 €	4 500,00 €	2 325,00 €	€
Rabatt in %	12 %	%	9 %	%	8 %
Rabatt in €	€	300,00 €	€	€	€
Preis nach Abzug des Rabatts	€	€	€	2 000,00 €	€
Mehrwertsteuer in %	7 %	19 %	7 %	7 %	19 %
Mehrwertsteuer in €	€	€	€	€	€
Bruttopreis	€	€	€	€	5 300,00 €
Skonto in %	3 %	2 %	%	%	3 %
Skonto in €	€	€	€	40,00 €	€
Preis nach Abzug des Skontos	€	€	4 000,00 €	€	€

5. Sie kaufen Schweinehälften für insgesamt 2 300,00 € brutto ein. Wie viel Mehrwertsteuer ist in diesem Betrag enthalten?

Name: .... Klasse: .... Datum: ....

Der Werbefachmann, den die Firma Buchheim engagiert hat, fragt nach, was man unter Fleischqualität versteht. Die Verkaufsleiterin bittet Sie, über Qualitätskriterien Auskunft zu geben.

Orientieren

Informieren

A Qualitätskriterien für den Privatkunden

Fleisch darf auch mehrere Tage nach dem Kauf noch nicht verdorben sein.

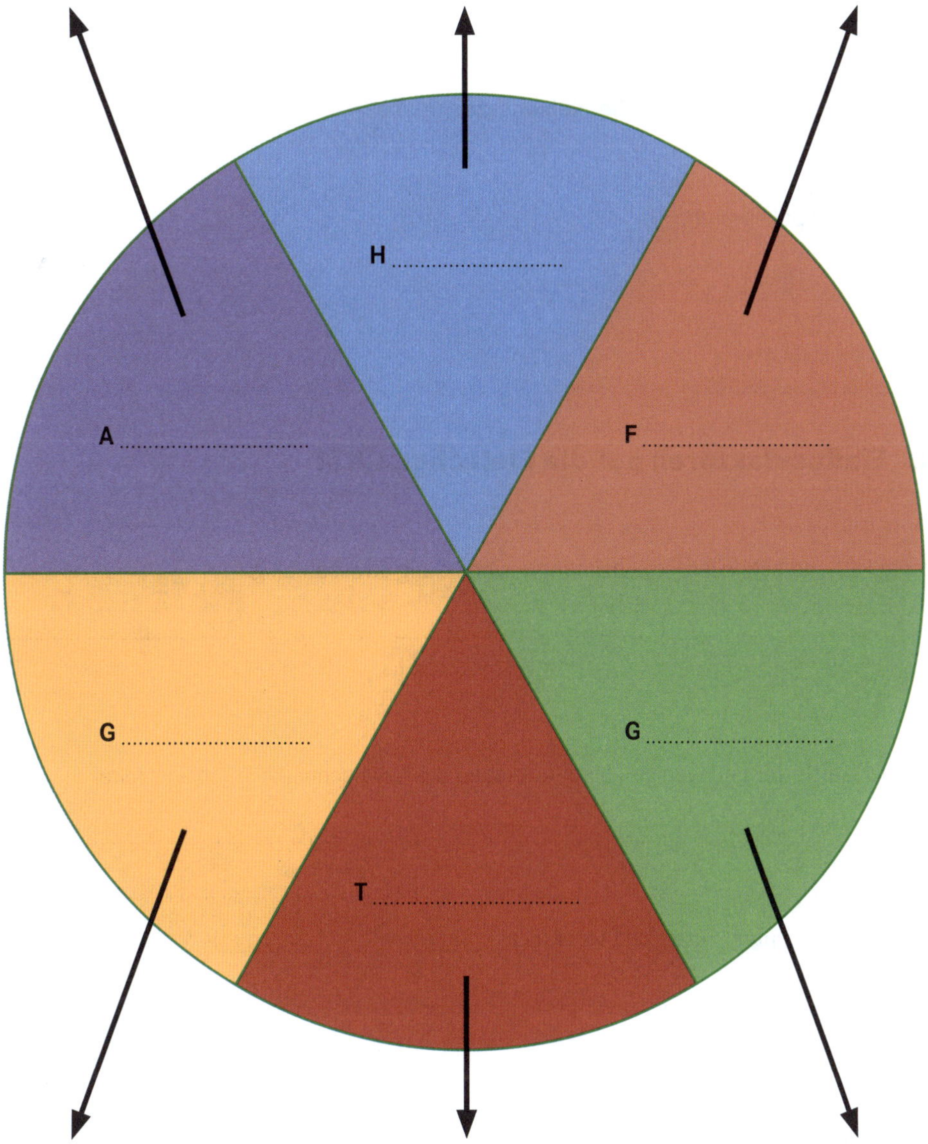

B Qualitätskriterien für den weiterverarbeitenden Betrieb

Für die Produktion ist vor allem der Gehalt an **E** ...., **F** .... und **K** .... des Fleisches wichtig.

a) BEFFE-Gehalt von Frischfleisch

Fleischeiweiß = ...

Bindegewebe = ...

Bindegewebseiweiß = ...

BEFFE = ...

....

BEFFE = **B** .... **E** .... **F** .... **F** .... **E** ....

b) Bedeutung des BEFFE-Anteils für die Fleischerzeugnisse

- Brühwurstbrät: ....
- Brühwurst und Kochpökelwaren: ....
- Rohwurst: ....

....

C Einflussfaktoren auf die Fleischqualität

Zucht
Tiere mit wenig Fett und schneller Fleischzunahme sind häufig stressanfällig.

Problem:
- ....
- ....

Mast
Bei der Mast mit Kraftfutter und wenig Auslauf erreichen die Tiere schnell die Schlachtreife.

Vorteil: ....

Nachteil: ....

Bei der Mast mit artgerechtem Futter und viel Auslauf ....

Vorteil: ....

Nachteil: ....

Schlachtung
Damit nach dem Schlachten möglichst viel Fleischzucker im Fleisch ist, müssen die Tiere schonend behandelt werden. Beispielsweise durch:

- ....
- ....
- ....
- ....

Name: .... Klasse: .... Datum: ....

D Überprüfung der Fleischqualität

PSE-Fleisch
Erkennungsmerkmal: Farbe: .... Festigkeit: .... Wasserbindung: ....

Nachteil: ....

....

Marmorierung
Erkennungsmerkmal: ....

Vorteil: ....

Verfärbung
Erkennungsmerkmal: blasse, hellrote Farbe/bräunliche Farbe

Nachteil: ....

Faserstruktur
Erkennungsmerkmal: ....

Vorteil: ....

pH-Wert
Der pH-Wert von Schweinefleisch gibt Auskunft über ....

pH-Wert unter 6,0	pH-Wert bei etwa 6,2	pH-Wert über 6,5
....	....	....
....	....	....
....	....	....
....	....	....
....	....	....

1. Sammeln Sie alle Informationen über die Tiere, deren Fleisch Sie im praktischen Unterricht verarbeiten.
2. Überprüfen Sie die Fleischqualität mit den Ihnen zur Verfügung stehenden Mitteln. Schätzen Sie ab, für welchen Personenkreis Sie das Informationsmaterial erstellen müssen.

Informieren

Erstellen Sie eine Übersicht mit den wichtigsten Informationen über die Fleischqualität.

Durchführen

Erläutern Sie anhand Ihrer Übersicht einem Bekannten, einem Mitglied Ihrer Familie oder einem Klassenkameraden die Einflussfaktoren und die Erkennungsmerkmale für Fleischqualität.
Können Sie diese Informationen mit Ihrer Übersicht vermitteln?

Bewerten

Wiederholen

BEFFE-Tabelle

	S I	S II	S III	S IV	S V	S VI	S VII	S VIII	S IX	S X	S XI	S XII
BEFFE	19 %	17,5 %	16,1 %	11,9 %	6,8 %	7,0 %	2,5 %	0,3 %	2,5 %	7,5 %	3,2 %	9,7 %
	R I	R II	R III	R IV	R V							
BEFFE	19,5 %	17 %	15,6 %	13,5 %	11,2 %							

1. Sie stellen gemischtes Hackfleisch aus 35,0 kg S II und 40,0 kg R II her. Wie viel Prozent BEFFE enthält dieses Hackfleisch?

2. Welchen BEFFE-Gehalt hat Schweinehackfleisch, das aus 20,0 kg S II und 15,0 kg S IV hergestellt wird?

3. Rinderhackfleisch wird aus 35,0 kg R II und 56,0 kg R III hergestellt. Welchen BEFFE-Gehalt hat dieses Hackfleisch?

4. Für Fleischklöße verarbeiten Sie 8,0 kg R II, 6,5 kg S III und 5,0 kg weitere Zutaten. Wie viel Prozent beträgt der BEFFE-Gehalt dieser Masse?

5. Für gefüllte Paprika stellen Sie eine Hackfleischmasse aus 4,5 kg S II, 6,5 kg S III, 3,5 kg eingeweichtem Weißbrot und 1,0 kg weiteren Zutaten her. Wie viel Prozent BEFFE enthält diese Masse?

6. Für die Herstellung von Fleischkäse verwenden Sie 2,5 kg R II, 2,5 kg S II, 8,0 kg S IV, 1,0 kg S VI, 3,0 kg Eis und 0,700 kg weitere Zutaten. Beim Garen verliert der Fleischkäse 2,5 % Gewicht.

a) Wie viel Prozent BEFFE enthält die Masse?

b) Wie viel Prozent BEFFE enthält der gegarte Fleischkäse?

7. Sie stellen Bratwürstchen nach folgendem Rezept her:
- 25,0 kg S II
- 20,0 kg S IV
- 30,0 kg S VI
- 20,0 kg Eis

Beim Garen verlieren die Würstchen 15 % des Gewichtes.

a) Wie viel Prozent BEFFE enthält die Wurstmasse?

b) Wie viel Prozent BEFFE enthalten die gegarten Würstchen?

Name: Klasse: Datum:

Die Großmutter von Svenja Kallenbach wurde gestern Abend mit schwerem Durchfall in das Krankenhaus eingeliefert. Nun soll sich Svenja auch untersuchen lassen und zunächst nicht mehr in der Fleischerei arbeiten. Warum?

Orientieren

A Verderb durch Mikroorganismen

Informieren

a) Übertragung von Mikroorganismen vermeiden

Vorkommen/Hauptübertragungsquelle	Mikroorganismus	Krankheitssymptome	Vermeidung der Übertragung
	Clostridium botulinum		
	Salmonellen		
Dauerausscheider			
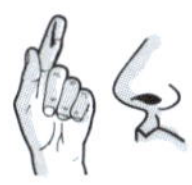	Staphylokokkus aureus		
	Campylobakter		
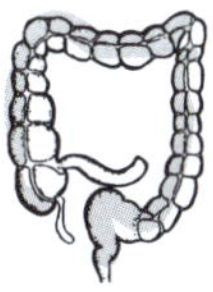	Listeria		
	EHEC		

b) Optimale Bedingungen für Mikroorganismen

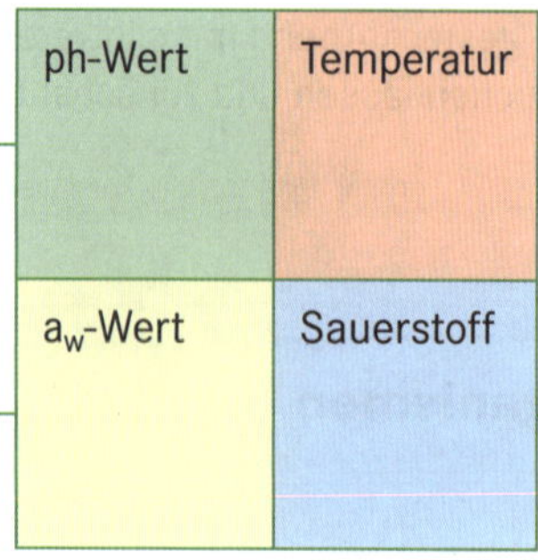

....

....

....

a_w-Wert = 1

→ ....

a_w-Wert = 0

→ ....

121 °C: ....

70 °C: ....

5 °: ....

Aerobier: ....

.... (z. B. ....)

Anaerobier: ....

.... (z. B. ....)

Fakultative Aerobier: ....

.... (z. B. ....)

B Verderb durch Enzyme

a) Nachteile einer zu starken oder zu langen Enzymtätigkeit

- ....
- ....

b) Optimale Bedingungen für Enzyme

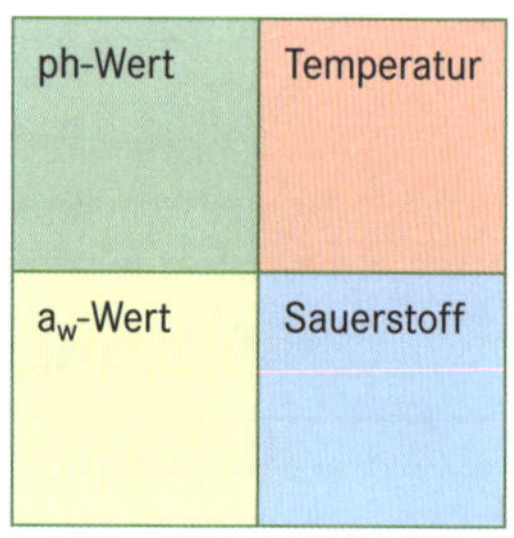

ph-Wert:
- egal ☐
- unterschiedlich ☐
- optimal bei .... ☐

Temperatur:
- ☐ egal
- ☐ unterschiedlich
- ☐ optimal bei ....

a_w-Wert:
- egal ☐
- unterschiedlich ☐
- optimal bei .... ☐

Sauerstoff:
- ☐ egal
- ☐ unterschiedlich
- ☐ optimal bei ....

C Verderb durch chemische Reaktionen

Fette verderben durch chemische Reaktionen. Verdorbene Fette .... unangenehm.

Sie sind aber nicht ....

Folgende Faktoren beschleunigen den Fettverderb:

- ....
- ....
- ....
- ....
- ....

Name: ………………………… Klasse: ………… Datum: …………

D Verderb verhindern und Qualität erhalten

Den Verderb von Frischfleisch kann man dadurch verhindern, dass man die Bedingungen für den

- ………………………… ▸ ………………………… ▸ ………………………… Verderb verschlechtert.

Ergänzen Sie Beispiele und kreuzen Sie die richtigen Aussagen an.

	zum Beispiel durch	verzögert den mikrobiellen Verderb	 enzymatischen Verderb	 oxidativen Verderb
Entzug von Wärme	………………………… …………………………			
Entzug von Sauerstoff	………………………… …………………………			
Senken des a_W-Wertes	………………………… …………………………			
Senken des pH-Wertes	………………………… …………………………			
Verdunkeln	………………………… …………………………			

E Gefrierlagerung von Fleisch

Beim Tiefgefrieren sollte man folgende Punkte beachten:

	Begründung
Möglichst schnell einfrieren.	………………………… …………………………
Tiefgefrorene Lebensmittel luftdicht verpacken.	………………………… ………………………… …………………………
Tiefgefrorenes Fleisch sollte bei 0-5 °C langsam auftauen.	………………………… …………………………

4 DIE QUALITÄT VON FLEISCH ERHALTEN

Planen

Überprüfen Sie die Fleischlagerung in Ihrem Betrieb auf mögliche Risiken.

Durchführen

1. Legen Sie die Kontrollpunkte fest, erstellen Sie einen Zeitpan für die Kontrollen und entwerfen Sie ein Formblatt für die Protokollierung der Kontrollen.
2. Bestimmen Sie, was geschehen muss, wenn ein Grenzwert nicht eingehalten wurde.

Bewerten

1. Führen Sie die Hygienekontrollen anhand Ihres Konzeptes durch.
2. Bewerten Sie nach einem Monat dieses Konzept. Stellen Sie sich dabei auch folgende Fragen:
   - Sorgt Ihr Konzept dafür, dass die Fleischlagerung sicher ist?
   - Werden Fehler rechtzeitig erkannt?
   - Ist der Zeitaufwand für die Durchführung Ihres Konzeptes angemessen?

Wiederholen

1. Berechnen Sie in folgender Tabelle die fehlenden Werte.

	a	b	c	d	e	f
Gewicht vor dem Einfrieren	12,0 kg	kg	5,3 kg	kg	4,8 kg	kg
Auftauverlust in %	3 %	5 %	%	4 %	%	%
Auftauverlust in kg	kg	0,700 kg	0,200 kg	kg	kg	0,300 kg
Gewicht nach dem Auftauen	kg	kg	kg	3,4 kg	4,5 kg	3,6 kg

2. Nach dem Auftauen wiegt ein Kotelettstrang noch 8,5 kg. Beim Auftauen sind 4,2 % verloren gegangen. Wie viel Kilogramm wog der Kotelettstrang vor dem Einfrieren?

3. Beim Auftauen von Schweinefilet stellen Sie einen Auftauverlust von 0,050 kg fest. Nach dem Auftauen wiegt das Schweinefilet noch 0,600 kg. Wie viel Prozent beträgt der Auftauverlust?

4. Berechnen Sie in der folgenden Tabelle die fehlenden Werte.

	a	b	c	d	e	f
Gewicht vor dem Einfrieren	2,7 kg	4,5 kg	5,3 kg	kg	kg	kg
Preis vor dem Einfrieren	6,70 €/kg	7,20 €/kg	3,80 €/kg	9,20 €/kg	6,70 €/kg	5,20 €/kg
Auftauverlust in %	%	4 %	%	3,9 %	5,8 %	%
Auftauverlust in kg	0,400 kg	kg	kg	0,920 kg	kg	3,8 kg
Gewicht nach dem Auftauen	kg	kg	5,1 kg	kg	4,5 kg	32,0 kg
Preis nach dem Auftauen	€/kg	€/kg	€/kg	€/kg	€/kg	€/kg

Name: .... Klasse: .... Datum: ....

Jens Witte hat in der Fleischerei seines Vaters schon gesehen, wie Schweinehälften zerlegt werden. Sein Meister geht aber ganz anders vor. Worauf muss man beim Zerlegen grundsätzlich achten?

Orientieren

A Grundregeln beim Zerlegen

Informieren

Beim Zerlegen von Schlachttieren schneidet man entlang des Vlieses.

Das Vlies ist ....

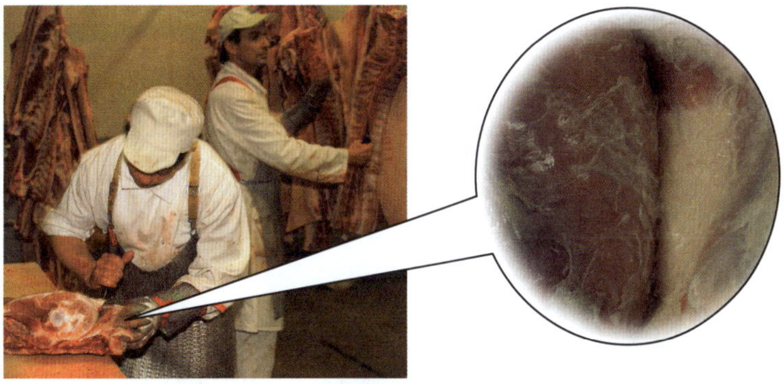

Das Zerlegen entlang des Vlieses hat folgende Vorteile:

- ....
- ....
- ....

B Zerlegung von Schweinehälften

Benennen Sie die verschiedenen Fleischteile und tragen Sie die Ziffern in die linke und rechte Abbildung ein.

a) Schinken

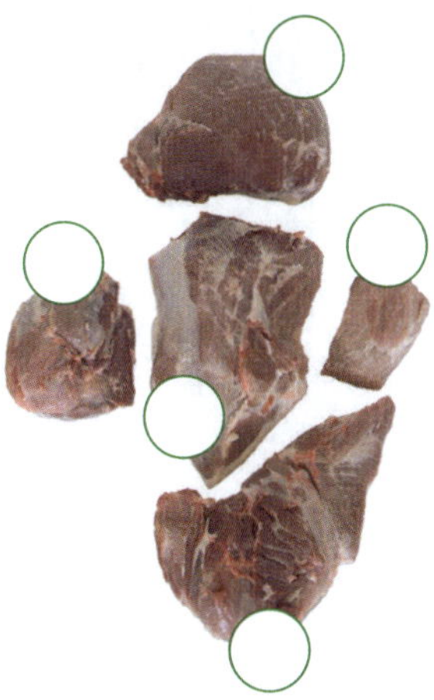

	Bezeichnung allgemein	Bezeichnung in meinem Betrieb
1	....	....
2	....	....
3	....	....
4	....	....
5	....	....
6	....	....
7	....	....

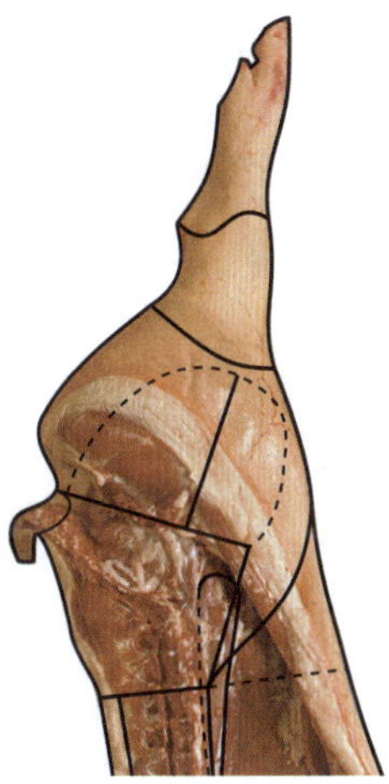

b) Bug

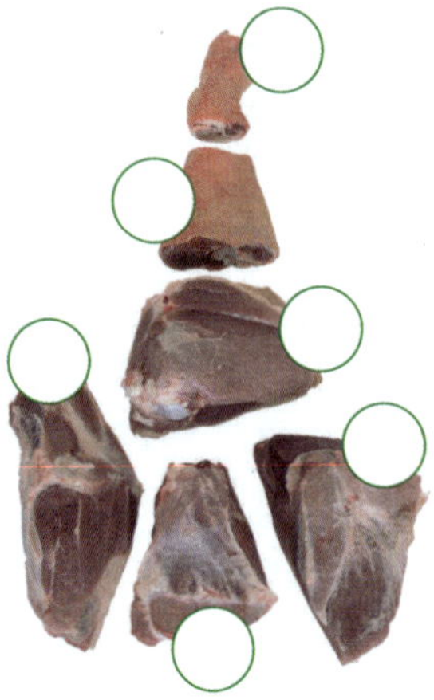

	Bezeichnung allgemein	Bezeichnung in meinem Betrieb
1		
2		
3		
4		
5		
6		

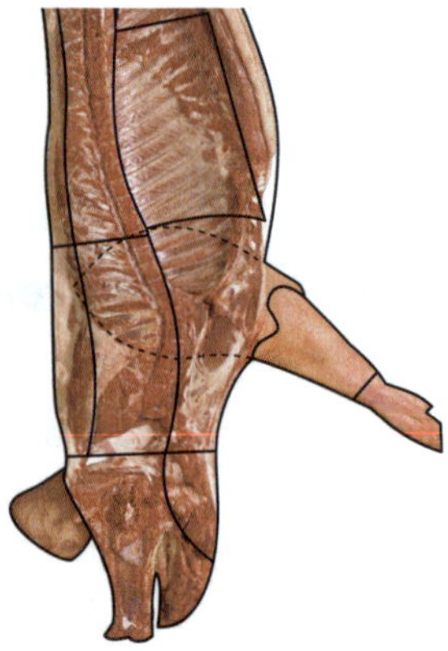

c) Kotelettstrang

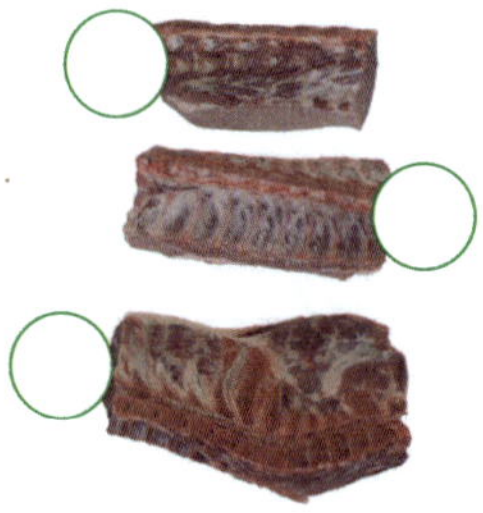

	Bezeichnung allgemein	Bezeichnung in meinem Betrieb
1		
2		
3		

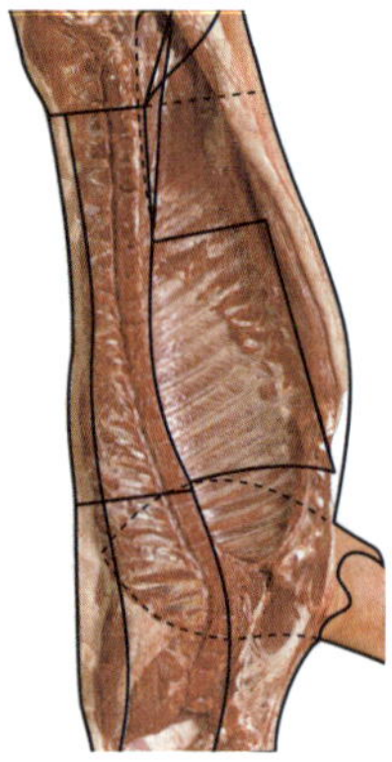

d) Bauch

	Bezeichnung allgemein	Bezeichnung in meinem Betrieb
1		
2		
3		

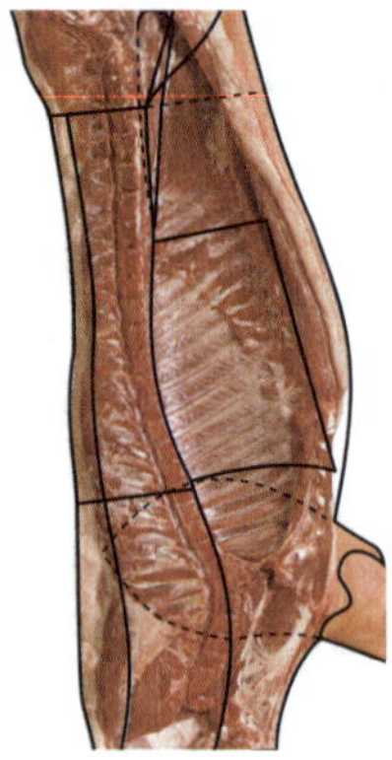

Name: Klasse: Datum:

C Die beliebtesten Fleischteile des Schweins

Benennen Sie die Fleischteile und nennen Sie ein daraus zuzubereitendes Gericht.

	Bezeichnung allgemein	Gericht aus dem Fleischteil

Planen

Bereiten Sie Ihren Arbeitsbereich für das Zerlegen einer Schweinehälfte vor. Beachten Sie dabei folgende Faktoren:
- Werkzeug
- Unfallschutzausrüstung
- Hygienevorschriften

Durchführen

Zerlegen Sie eine Schweinehälfte, schneiden Sie die Fleischteile sauber zu und sortieren Sie die Abschnitte.

5 SCHWEINEHÄLFTEN ZERLEGEN

Bewerten

1. Beurteilen Sie Ihre Arbeit nach folgenden Gesichtspunkten:
   - Geschwindigkeit
   - Sauberkeit des Zuschnitts
   - Wurde das Vlies verletzt?
   - Anteil der Abschnitte
2. Vergleichen Sie Ihre Arbeiten.

Wiederholen

1. Berechnen Sie in der folgenden Tabelle jeweils die fehlenden Werte.

	a	b	c	d	e	f
Gewicht der Schweinehälfte	52,0 kg	48,9 kg	kg	47,8 kg	kg	49,6 kg
Anteil des Fleischteils in %	3 %	%	5 %	4 %	18 %	%
Gewicht des Fleischteils	kg	8,5 kg	2,53 kg	kg	8,5 kg	4,3 kg

2. Das Filet hat einen Anteil von etwa 1,5 % am Gesamtgewicht einer Schweinehälfte. Wie viel Kilogramm wiegt das Filet einer 48,6 kg schweren Schweinehälfte?

3. Ein Filet wog nach dem Auslösen 0,620 kg. Dies entspricht 1,5 %. Wie schwer wird die Schweinehälfte in etwa gewesen sein?

4. Sie zerlegen eine 49,0 kg schwere Schweinehälfte. Das Kotelett mit Kamm wiegt 9,5 kg. Wie viel Prozent beträgt der Anteil des Koteletts am Gewicht der Schweinehälfte?

5. Sie kaufen eine Schweinehälfte mit einem Gewicht von 46,0 kg für 1,57 €/kg ein. Der Anteil des Schinkens beträgt 17 %. Für den Schinken setzen Sie in Ihrer Kalkulation einen Preis von 5,60 €/kg an.

   a) Wie viel Kilogramm wird der Schinken wiegen?

   b) Wie viel Euro werden Sie mit dem Verkauf des Schinkens einnehmen?

   c) Wie viel Euro müssen Sie mit dem Verkauf des restlichen Fleisches einnehmen?

6. Bei der Zerlegung von 1 200 kg Schweinehälften fallen 225 kg Verarbeitungsfleisch an. Der Listenpreis für die Schweinehälften beträgt 1,37 €/kg. Der Händler gewährt Ihnen 12 % Rabatt und bei Barzahlung 5 % Skonto. Das Verarbeitungsfleisch wird in der Kalkulation mit 0,98 €/kg angesetzt.

   a) Wie viel Prozent beträgt der Anteil des Verarbeitungsfleisches am Gesamtgewicht der Hälften?

   b) Wie viel Euro werden Sie durch das Verarbeitungsfleisch einnehmen?

   c) Wie viel Euro müssen durch den Verkauf des restlichen Fleisches eingenommen werden?

7. Für eine Vereinsfeier benötigen Sie 45,0 kg Schweinekotelett mit Kamm. Der Anteil dieses Fleischstücks am Gesamtgewicht beträgt 19 %.

   a) Wie viel Kilogramm Schweinehälften muss man kaufen, um die benötigten Kotelett mit Kamm zu erhalten?

   b) Für eine Schweinehälfte kann man als Durchschnittswert ein Gewicht von 50,0 kg ansetzen. Wie viele Schweinehälften muss man mindestens kaufen?

Name: .... Klasse: .... Datum: ....

Tante Hilde möchte von Michaela Föhring wissen, was man aus den verschiedenen Fleischteilen eines Schweins zu Hause und im Betrieb machen kann.

Orientieren

Informieren

A Veränderung beim Garen von Fleisch

Beschreiben Sie die Auswirkungen der benannten Vorgänge.

Fleischeiweiß gerinnt. ▸ ....
▸ ....

Bindegewebseiweiß löst sich auf. ▸ ....

Braune Geschmacksstoffe entstehen. ▸ ....
▸ ....

Mikroorganismen und Enzyme werden zerstört. ▸ ....

B Garmethoden für Schweinefleisch

Bezeichnung	Beschreibung	Wasserzugabe	typische Gerichte	geeignete Fleischteile
Grillen	Das Fleisch wird auf einem Rost gegart, z. B. über Holzkohlenglut.	keine	Grillsteak	Kotelett, Bauch, Kamm
Kurzbraten				
Braten				
Schmoren				
Sieden (Kochen)				

C Fleischteile für die Zubereitung

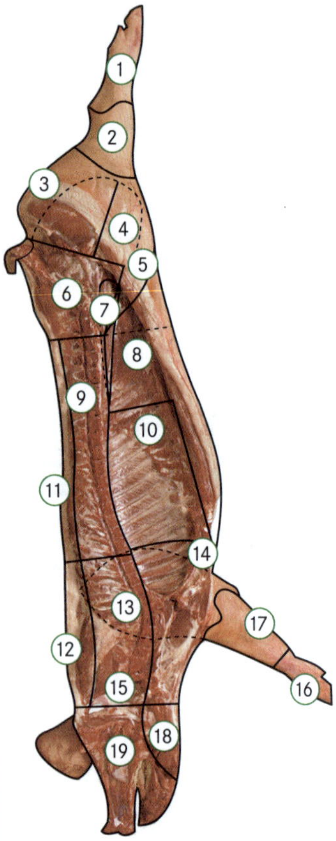

	Bezeichnung	Eignung				
		Grillen	Kurzbraten	Braten	Schmoren	Sieden
1						
2						
3						
4						
5						
6						
7						
8		Ist geeignet für die				
9						
10						
11		Ist geeignet für die				
12		Ist geeignet für die				
13						
14						
15						
16						
17						
18						
19		Ist geeignet für die				

D Sortierung von Schweinefleisch

Schweinefleisch, das für die Verarbeitung zu Wurstwaren (➜ Seite 175) bestimmt ist, wird sortiert. Dadurch wird sichergestellt, dass:

- ....
- ....
- ....
- ....

Name: ……………………………… Klasse: ……………… Datum: ………………

E Pökelwaren aus Schweinefleisch

Unter Pökelwaren versteht man Fleisch, das ……………………………………………………

Pökelwaren bleiben auch rot, wenn man sie ……………………………………………………

Für Pökelwaren sollte nur Fleisch verwendet werden, das ……………………………………

Ein wesentliches Qualitätsmerkmal von Pökelwaren ist ……………………………………

Typische Rohpökelwaren sind:

Rohpökelware	Fleischteil
Lachsschinken	……………………………
……………………………	……………………………
……………………………	……………………………

Typische Kochpökelwaren sind:

Kochpökelware	Fleischteil
gekochter Schinken	……………………………
……………………………	……………………………
……………………………	……………………………

Planen

1. Überlegen Sie, welche Gerichte und Fleischerzeugnisse aus Schweinefleisch Sie bevorzugen.
2. Ordnen Sie die Fleischteile des Schweins diesen Produkten zu.
3. Überlegen Sie, was man aus den Fleischteilen machen könnte, die Sie noch nicht verplant haben.

Durchführen

1. Erstellen Sie eine Liste der Fleischteile des Schweins.
2. Schreiben Sie hinter jedes Fleischteil, welches Ihrer Lieblingsgerichte bzw. Lieblingsfleischerzeugnisse man daraus herstellen kann.

Bewerten

Beurteilen Sie Ihre Liste nach folgenden Gesichtspunkten:
- Wird jedes Fleischteil verwenden?
- Wie viele Verwendungsmöglichkeiten für die „edlen Fleischteile" haben Sie gefunden?
- Wie viele Verwendungsmöglichkeiten für die preiswerten Fleischteile haben Sie gefunden?
- Wie viele verschiedene Verwendungsmöglichkeiten enthält Ihre Liste?

6 SCHWEINEFLEISCH RICHTIG VERWENDEN

Wiederholen

1. Sie kaufen 1 200 kg Schweinehälften für insgesamt 1 740,00 € ein. Wie hoch war der Preis je Kilogramm?

2. Ein Lieferant bietet Ihnen 2 500 kg Schweinehälften für 3 500,00 € an. Bei Barzahlung gewährt er Ihnen 3 % Skonto. Wie hoch ist der Preis pro Kilogramm, wenn Sie das Skonto in Anspruch nehmen?

3. Sie bestellen 450 kg Schweinehälften zu einem Preis von 1,45 €/kg. Die Anlieferung kostet 18,00 €. Für die Betriebskosten rechnet Ihr Betrieb mit 45 % der Materialkosten. Der Gewinn soll 3 % betragen. Wie hoch ist der durchschnittliche Preis für ein Kilogramm Schweinefleisch, wenn Sie die gesetzliche Mehrwertsteuer berücksichtigen?

4. Beim Einkauf von 360 kg Schweinehälften vereinbaren Sie mit Ihrem Lieferanten einen Preis von 1,51 €/kg und 5 % Skonto bei Barzahlung. Für die Lieferung berechnet er 12,00 €. Sie rechnen mit 56 % Betriebskosten, 3 % Gewinn und der gesetzlichen Mehrwertsteuer. Wie hoch ist der durchschnittliche Preis für ein Kilogramm Schweinefleisch?

5. Berechnen Sie in der unten stehenden Tabelle jeweils die Werte für die leeren Felder.

	a	b	c	d	e	f	g
Durchschnittspreis	2,72 €/kg	2,85 €/kg	2,67 €/kg	2,82 €/kg	€/kg	2,89 €/kg	€/kg
Bewertungsaufschlag	50 %	%	%	%	%	%	%
Bewertungssatz	%	120 %	%	%	210 %	%	%
Bewertungsfaktor			2,5				1,6
Preis des Fleischteils	€/kg	€/kg	€/kg	7,28 €/kg	5,67 €/kg	3,25 €/kg	3,62 €/kg

6. Sie kaufen 1 300 kg Schweinehälften für 1,53 €/kg netto ein. Für die Gemeinkosten rechnet Ihr Betrieb 57 %, für den Gewinn 3 %. Beachten Sie die gesetzliche Mehrwertsteuer.

   a) Wie hoch ist der durchschnittliche Preis für ein Kilogramm Schweinefleisch?

   b) Wie hoch ist der Preis für ein Kilogramm Kotelett, wenn der Bewertungssatz 180 % beträgt?

7. Ein Lieferant bietet Ihnen 2 000 kg Schweinehälften für 1,49 €/kg netto an. Er gewährt Ihnen 6 % Rabatt und 2 % Skonto. Ihr Betrieb rechnet mit 54 % Gemeinkosten und 5 % Gewinn.

   a) Wie hoch ist der durchschnittliche Preis für ein Kilogramm Schweinefleisch?

   b) Wie hoch ist der Preis für ein Kilogramm Filet, wenn der Bewertungsfaktor 3,1 beträgt?

8. Sie beziehen 1 250 kg Schweinehälften zum Preis von 1,48 €/kg netto. Für die Lieferung fallen 38,00 € an. Ihr Betrieb rechnet mit 49 % Gemeinkosten und 4 % Gewinn. Beim Zerlegen fallen 15 % wertlose Abschnitte und Knochen an.

   a) Wie viel Kilogramm Schweinefleisch können verkauft und verarbeitet werden?

   b) Wie hoch ist der durchschnittliche Preis für ein Kilogramm Schweinefleisch?

   c) Wie hoch ist der Preis für ein Kilogramm Oberschale, wenn der Bewertungsaufschlag 90 % beträgt?

Name: .... Klasse: .... Datum: ....

Die Fleischerei Huber möchte Lammfleisch in das Sortiment aufnehmen. Der Einkauf, die Zerlegung und die Verarbeitung des Lammfleisches und auch die Beratung der Kunden müssen vorbereitet werden.

Orientieren

Informieren

A Argumente für Lammfleisch (➜ Seite 178)

Der Kauf von Lammfleisch dient häufig dem Naturschutz.

Auf Flächen, die von Schafen beweidet werden, wachsen Pflanzen, ...

.... Die einzige Einnahmequelle der Schäfer ist ....

Der Verkauf von Lammfleisch kann das Image der Fleischerei verbessern.

.... organisieren die Werbung für Lammfleisch, das von Naturschutzflächen stammt.

Die Fleischerei, die dieses Fleisch verkauft, wird ....

....

Lammfleisch bringt einen neuen Geschmack in die Küche.

Das Fleisch von .... hat einen kräftigen und durchdringenden Eigengeschmack. Es wird heute nur noch selten verkauft. Das Fleisch von .... hat einen typischen, aber .... Eigengeschmack.

B Handelsklasse auswählen

Beim Schaffleisch besteht die Kennzeichnung aus drei Abschnitten:

1. ein Buchstabe = Kategorie — L = ... (........................)
   S = ...
2. ein Buchstabe = ... — E = ...
   U = ...
   R = ...
   O = ...
   P = ...
3. eine Zahl = ... — 1 = ...
   2 = ...
   3 = ...
   4 = ...
   5 = ...

Die Kennzeichnung S U 4 bedeutet also: ....

....

C Lammfleisch zerlegen

Bezeichnen Sie die einzelnen Fleischteile und verbinden diese mit der Grafik.

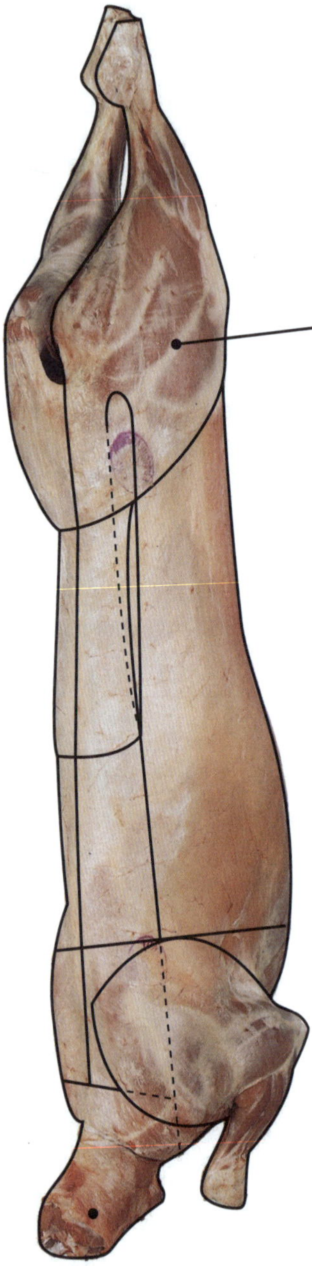

Bezeichnung	
allgemein	in meinem Betrieb
Keule	....
....	....
....	....
....	....
....	....
....	....
....	....
....	....
....	....

D Verwendung von Lammfleisch für Fleischerzeugnisse

Der intensive Eigengeschmack des Lamm- und Schaffleisches liegt vor allem im Fett.

Bei der Auswahl des Verarbeitungsfleisches sollte man deshalb vor allem darauf achten, dass .... Um für den Geschmack und den Biss den notwendigen Fettgehalt zu erreichen, verarbeitet man für Fleischerzeugnisse wie die Schafsalami .... Bei der Verarbeitung von Lammfleisch zu Pökelwaren schneidet man, soweit wie möglich, ...

Name: .... Klasse: .... Datum: ....

E Verwendung von Lammfleisch für Fleischerzeugnisse

Garmethode	typisches Gericht	Herstellung (Kurzbeschreibung)	geeignetes Fleischteil
Grillen			
Kurzbraten			
Braten			
Schmoren			
Sieden			

Planen

1. Ermitteln Sie die benötigten Mengen an Lammfleisch und suchen Sie mögliche Lieferanten.
2. Suchen Sie nach Rezepten für die Verwendung von Lammfleisch für die Wurstherstellung und im Privathaushalt.
3. Suchen Sie nach Informationen, die für den Kauf und Verzehr von Lammfleisch sprechen.

Durchführen

1. Kaufen Sie Lammhälften ein und zerlegen Sie diese.
2. Schneiden Sie die Fleischteile ladenfertig zu und sortieren Sie das Verarbeitungsfleisch.
3. Stellen Sie Erzeugnisse aus Lammfleisch her.
4. Bereiten Sie Informationsmaterial für Ihre Kunden vor.

Bewerten

Beurteilen Sie Ihre Vorbereitungen nach folgenden Kriterien:

a) Für welchen Anteil der Lammhälften haben Sie sehr gute Verwendungsmöglichkeiten gefunden?
b) Entspricht der Preis, den Sie für das Lammfleisch und die Erzeugnisse daraus verlangen müssen, den Erwartungen der Kunden?
c) Können Sie gute Argumente nennen, die für den Kauf von Lammfleisch sprechen?
d) Werden Ihre Kunden Ihrer Empfehlung für Lammfleisch folgen?

7 LAMMHÄLFTEN EINKAUFEN UND ZERLEGEN

Wiederholen

1. Sie kaufen ein Lamm mit einem Schlachtgewicht von 25,0 kg ein. Beim Zerlegen fallen 2,6 kg wertlose Abschnitte und Knochen an. Wie viel Prozent des Lammes kommen in den Verkauf und in die Verarbeitung?

2. Nach dem Zerlegen eines Lamms mit einem Schlachtgewicht von 23,6 kg bleiben 21,0 kg verwendbares Fleisch übrig. Wie hoch ist der Zerlegeverlust?

3. Ein 27,6 kg schweres Lamm kostet im Einkauf 4,20 €/kg. Beim Zerlegen fallen 12 % wertlose Abschnitte und Knochen an.

a) Wie viel Lammfleisch bleibt für die Verarbeitung und den Verkauf übrig?

b) Was kostet ein Kilogramm Lammfleisch im Durchschnitt?

4. Sie kaufen vier Lämmer mit einem Gesamtgewicht von 110 kg für 4,10 €/kg ein. Beim Zerlegen rechnen Sie mit einem Verlust von 10,8 %.

a) Wie viel Lammfleisch bleibt für die Verarbeitung und den Verkauf übrig?

b) Was kostet ein Kilogramm Lammfleisch im Durchschnitt?

5. Nach dem Zerlegen bleiben von einem Lamm, das ursprünglich 24,2 kg gewogen hat, noch 22,0 kg Lammfleisch übrig.

a) Wie hoch ist der Zerlegeverlust in Prozent?

b) Was kostet ein Kilogramm Lammfleisch im Durchschnitt, wenn das Lamm im Einkauf 4,20 €/kg gekostet hat?

6. Lammfleisch kostet im Verkauf durchschnittlich 6,80 €/kg. Was kostet eine Keule im Verkauf, wenn der Bewertungssatz 180 % beträgt?

7. Der Durchschnittspreis für Lammfleisch liegt bei 7,10 €/kg. Wie hoch liegt der Preis für ein Kilogramm Lammschulter, wenn der Bewertungsfaktor 1,2 beträgt?

8. 23,0 kg Lammfleisch müssen im Verkauf insgesamt 160,00 € einbringen.

a) Wie hoch muss der Durchschnittspreis für ein Kilogramm Lammfleisch liegen?

b) Wie teuer ist ein Kilogramm Lammfilet, wenn der Bewertungssatz 470 % beträgt?

9. Sie kaufen vier Lämmer mit einem Gewicht von insgesamt 98,0 kg für 3,80 €/kg ein. Beim Zerlegen entsteht ein Verlust von 11 %. Ihr Betrieb rechnet mit 53 % Gemeinkosten und 6 % Gewinn, die gesetzliche Mehrwertsteuer ist zu berücksichtigen.

a) Wie viel kostet ein Kilogramm Lammfleisch im Durchschnitt?

b) Wie viel kostet ein Kilogramm Lammgulasch, wenn der Bewertungssatz 190 % beträgt?

10. Ein Schäfer bietet Ihnen sechs Lämmer mit einem Gesamtgewicht von 140 kg für 3,75 €/kg an. Für die Anlieferung berechnet er 25,00 €. Beim Zerlegen der Lämmer entsteht 10,5 % Verlust. Für die Gemeinkosten setzen Sie 49 % an, der Gewinn soll 4 % betragen.

a) Wie viel kostet ein Kilogramm Lammfleisch im Durchschnitt?

b) Wie viel kostet ein Kilogramm Lammschulter, wenn der Bewertungsaufschlag 15 % beträgt?

Name: .... Klasse: .... Datum: ....

Frau Meyer kauft in der Fleischerei Baringer Rinder-, Schweinehackfleisch und gemischtes Hackfleisch. Für eine Geburtstagsfeier bestellt sie außerdem vorgefertigte Frikadellen, einen Hackfleischzopf und Hackfleischtaschen in Blätterteig. Sie sollen diese Erzeugnisse herstellen.

Orientieren

Informieren

A Begriffsbestimmung

Hackfleisch ist ....

....

B Hackfleischarten

- Schweinehackfleisch (aus grob entfettetem Schweinefleisch)
- Reines **R** ....
  (aus grob ....
  ....)
- **H** ....
  ....
  (halb und halb von ....
  ....)

- **M** .... oder
  B ....
  ....
- **L** ....
  (aus grob ....
  ....)
- **W** .... und
  G ....
  (nur unter ....
  ....

C Fleischzubereitungen aus Hackfleisch

a) Hierzu zählen alle Produkte, die ....
.... und denen andere Lebensmittel zugesetzt werden, z. B. ....
....

b) Solche Erzeugnisse sind z. B. ....
....

c) **Wichtig:** Ein Produkt zählt nicht mehr zu den Fleischzubereitungen, wenn die innere Struktur
....
Dies ist der Fall, wenn Produkte z. B. ....
....

d) Wann fallen Hackfleisch und Fleischzubereitungen nicht unter die Hackfleischrichtlinien? Informieren Sie sich in der Lebensmittel-Hygiene-Verordnung für tierische Lebensmittel unter www.westermann.de und der Bestellnummer 5886.
....

D Die Hygiene ist entscheidend

Die Haltbarkeit von Hackfleisch ist gefährdet durch:
(➜ Seiten 174 und 193 f.)

- **Das Wolfen des Fleisches bedingt**
- **Beim Wolfen werden Fleischzellen aufgeschnitten,**

Der Verbraucher wird geschützt durch:
(➜ Seite 193 f.)

Personalhygiene

-
-

Betriebshygiene

-

Produkthygiene

-

Überwachungsmaßnahmen sind:
(➜ Seite 194 f.)

HACCP-Konzept

-
-

Dokumentation von

-
-
-
-

LM-Hygiene-VO für tierische LM regelt und schreibt vor:
➜ unter www.westermann.de und der Bestellnummer 5886

-
-
-
-
-

Name: .... Klasse: .... Datum: ....

E Temperaturanforderungen für frische/gefrorene Hackfleischarten und Fleischzubereitungen

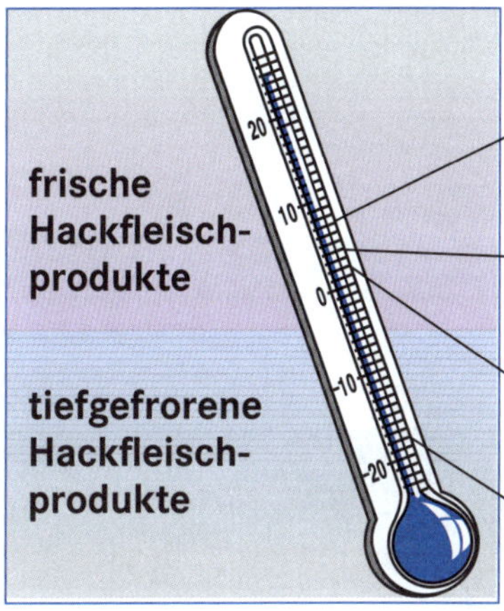

.... °C: kurzfristiges Vorrätighalten in .... (ca. .... Std.)
.... °C: Lagern und Befördern von ....
.... °C: Lagern ...., die nicht .... verkauft werden.
.... °C: .... und Befördern

F Auswahl des Fleisches für Hackfleisch und Fleischzubereitungen

- Es muss die Anforderungen .... erfüllen.
- Es muss aus .... stammen.

a) Zur Herstellung dürfen nicht verwendet werden:

- Fleischabschnitte, die beim Zerlegen anfallen (außer ganzer Muskelstücke)
- ....
- ....
- ....
- ....
- ....
- ....
- ....

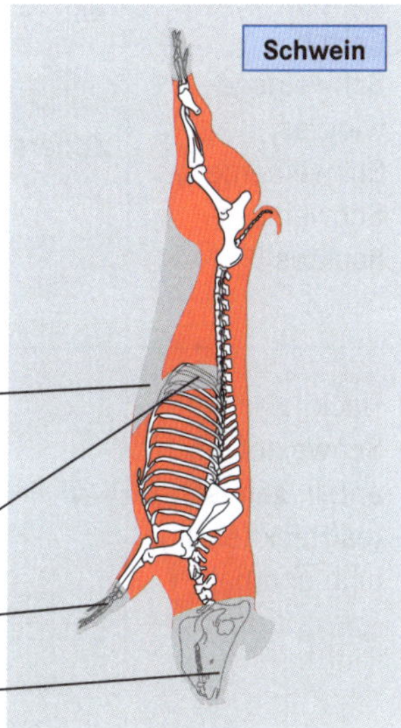

b) Für Fleischzubereitungen, die eindeutig nur nach einer Hitzebehandlung verzehrt werden, dürfen auch verarbeitet werden:

- ....
- ....

c) Bei Fleischarten, die zu Hackfleisch und Fleischzubereitungen aus oder unter Verwendung von Hackfleisch verarbeitet werden, sind folgende Temperaturen zum Zeitpunkt der Herstellung einzuhalten:

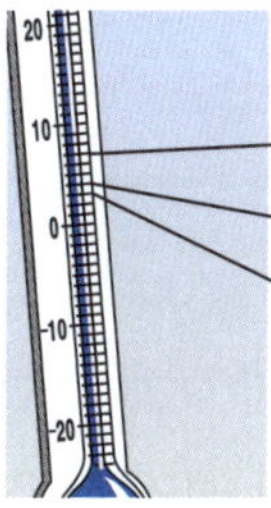

.... °C: ....
.... °C: ....
.... °C: ....

G Anforderungen der Leitsätze für Fleisch und Fleischerzeugnisse und der Lebensmittel-Informations-Verordnung

Für die Zusammensetzung von Hackfleisch und Fleischzubereitungen aus oder unter Verwendung von Hackfleisch sind die Leitsätze und die Lebensmittel-Informations-Verordnung zuständig. Sie beschreiben

- das ...
- und den Anteil an ...

Zur Verarbeitung gelangen:

- sehnenarmes ...
- grob ...

Erzeugnis	Ausgangsmaterial	Mindestgehalt an BEFFE	Fettgehalt**	Verhältnis Fett/Fleischeiweiß**
Reines Rinderhackfleisch, Rindergehacktes, Rindergewiegtes	... ... Zubereitung:	... *	...	...
Schweinehackfleisch, Schweinegewiegtes, Schweinemett, Schweinegehacktes	... ... Zubereitung:	... *	...	...
Hackfleisch mit Schweinefleischanteil, gemischtes Hackfleisch, halb und halb	... ... Zubereitung:	... *	...	...
Frikadelle, Boulette, Bratklops, Fleischküchle, Fleischpflanzerl, Hackbraten, Fleischklöße	... ...	...	...	...

* Stand 2015
** Der Fettgehalt und das Verhältnis Fett/Fleischeiweiß sind bei verpackten Produkten zu beachten.

Name: .... Klasse: .... Datum: ....

Sie stellen für Frau Meyer 1,0 kg gemischtes Hackfleisch, 500 g Rinderhackfleisch und 500 g Schweinehackfleisch her und präsentieren dieses auf Platten.

Planen

1. Beschreiben Sie:

a) Fleisch und Mengen für die Hackfleischarten

....

....

....

....

....

....

....

....

....

....

b) Unfallverhütungsmaßnahmen

- ....
- ....
- ....

2. Entwerfen Sie auf einem gesonderten Blatt eine Checkliste nach HACCP nach dem Beispiel im Lehrbuch (→ Seite 196).

3. Erstellen Sie ein Bewertungsschema nach der Vorgabe im Lehrbuch (→ Seite 204) oder entnehmen Sie dieses aus dem Anhang des Arbeitsheftes (→ Seite 120).

Durchführen

Stellen Sie die Hackfleischarten her.
Benennen Sie die Arbeitsschritte, die Sie beim Herstellen beachten müssen:

- ....
- ....
- ....

Bewerten

1. Nehmen Sie eine Bewertung nach Ihrem erstellten Schema vor.
2. Leiten Sie von den Ergebnissen eventuell Verbesserungsvorschläge ab.

1 HACKFLEISCH, FRIKADELLEN UND BLÄTTERTEIGERZEUGNISSE HERSTELLEN

Planen

Bilden Sie zwei Gruppen. Stellen Sie einen Hackbratenzopf und Hackfleischtaschen in Blätterteig her und präsentieren diese ebenfalls auf Platten.

- Gruppe 1: Erzeugnisse von 1,0 kg gemischtem Hackfleisch
- Gruppe 2: Erzeugnisse von 500 g Rinder- und 500 g Schweinehackfleisch

1. Berechnen Sie nach den vorgegebenen Fleischmengen die Rezeptur für die Hackmasse nach den Vorgaben des Lehrbuches (➜ Seite 202, Rezeptur für Frikadellen) und beschreiben Sie den Herstellungsablauf. Hierzu können Sie den Rezepturbogen aus dem Anhang des Arbeitsheftes (➜ Seite 119) verwenden.

2. Berechnen Sie nach dem Beispiel des Lehrbuches (➜ Seite 206) den BEFFE-Gehalt der frischen Hackmasse und der fertigen Erzeugnisse, wenn beim Garen 15 % Verlust entstanden sind. Das gemischte Hackfleisch besteht je zur Hälfte aus R II und S IV.

....

....

....

....

....

Durchführen

Stellen Sie die Fleischzubereitungen mit den von Ihnen berechneten Mengen und nach den niedergeschriebenen Herstellungsabläufen her.

Bewerten

1. Nehmen Sie nach Ihrem erstellten Schema eine Bewertung vor.
2. Leiten Sie von den Ergebnissen eventuell Verbesserungsvorschläge ab.

Wiederholen

Name: .... Klasse: .... Datum: ....

1. Warum ist die Haltbarkeit von durchgedrehtem Hackfleisch so problematisch?

....

....

....

2. Zu Fleischzubereitungen, die eindeutig nach einer Hitzebehandlung verzehrt werden, dürfen verarbeitet werden:

- ....
- ....

3. Im nachfolgenden Rätsel sind 16 Begriffe aus dem Kapitel versteckt. Diese sind senkrecht, waagerecht oder diagonal von oben nach unten bzw. von unten nach oben zu finden.

A	B	E	K	H	P	O	L	T	E	M	P	E	R	A	T	U	R	K	J	K	H	A	C	C	P	K	O	N	Z	E
K	P	O	D	Q	E	P	O	U	Z	T	R	E	I	N	I	G	U	N	G	S	P	L	A	N	P	R	K	J	P	T
A	S	B	O	D	R	H	J	K	L	O	R	Z	U	I	O	P	F	G	H	J	K	L	A	S	S	I	D	F	G	H
P	O	I	K	U	S	Z	T	R	E	E	Q	A	S	D	F	G	H	J	K	L	L	K	J	H	G	T	G	F	D	S
E	T	R	U	Z	O	G	U	I	O	P	Q	E	R	A	S	D	F	G	T	Z	U	I	R	E	H	I	B	N	M	E
E	R	Z	M	E	N	T	E	I	O	N	B	V	C	X	Y	A	S	D	F	H	J	K	L	R	E	S	A	E	R	T
P	O	I	E	U	A	Z	T	F	L	E	I	S	C	H	Z	U	B	E	R	E	I	T	U	N	G	C	R	E	Q	A
R	T	Z	N	U	L	I	O	P	A	P	O	I	U	Z	T	R	E	Q	A	S	D	F	G	H	J	H	K	L	P	O
U	Z	T	T	R	H	E	Q	A	S	H	S	D	F	G	H	J	K	L	P	O	Z	U	T	R	E	E	E	A	S	D
G	H	J	A	K	Y	K	L	O	U	Z	R	P	O	I	U	Z	T	E	R	Q	A	S	D	F	G	R	H	J	K	L
L	K	J	I	H	G	G	F	D	S	A	Q	E	E	R	T	Z	U	I	I	O	P	L	K	J	H	K	H	G	F	D
A	S	D	O	E	I	R	T	Z	U	I	O	P	N	P	O	I	U	Z	T	R	E	Q	E	R	W	O	L	F	E	N
P	O	I	N	I	E	P	O	I	U	Z	T	R	E	A	Q	E	R	T	Z	U	I	O	P	L	K	N	J	H	H	G
A	S	D	F	G	N	A	S	D	F	G	H	J	K	L	N	E	R	T	Z	U	I	O	P	Q	E	T	Q	E	R	T
Z	U	I	O	D	E	S	I	N	F	E	K	T	I	O	N	A	Q	E	R	T	Z	U	I	O	P	R	P	O	I	U
A	S	D	F	G	H	J	K	L	P	O	I	U	Z	T	T	R	L	E	R	Q	A	S	E	R	E	O	T	Z	U	I
E	R	T	Z	U	I	O	P	O	I	U	P	Z	T	R	E	Q	A	Y	S	D	F	T	E	R	T	L	Z	U	I	O
Q	E	R	T	Z	U	I	O	P	I	O	P	Z	T	R	E	Q	A	S	S	A	R	A	S	D	F	L	G	H	J	K
L	P	O	I	U	Z	T	R	E	Q	A	S	F	L	E	I	S	C	H	Z	E	L	L	E	N	Q	P	E	R	T	Z
U	I	O	P	Q	E	R	T	T	Z	E	R	T	Z	U	I	O	P	O	W	P	O	I	U	Z	T	U	R	E	Q	A
P	A	S	E	R	D	F	T	G	H	Z	U	J	I	K	O	K	L	Z	P	O	I	U	J	K	L	N	T	R	E	Q
A	R	S	D	F	G	H	J	J	J	K	L	O	P	O	I	U	N	Z	T	R	E	E	Q	E	R	K	A	S	D	F
Q	S	O	R	D	F	T	G	Q	E	R	Z	U	I	O	P	E	A	S	D	F	G	H	H	J	K	T	L	K	J	H
P	O	I	D	P	O	I	U	Z	T	R	E	Q	A	H	R	A	S	D	F	G	H	J	K	L	L	K	J	H	G	F
Q	E	R	T	U	Q	R	M	I	K	R	O	O	R	G	A	N	I	S	M	E	N	D	E	R	T	G	F	S	A	R
P	O	I	U	Z	K	P	O	I	U	Z	T	R	E	Q	A	C	A	S	D	F	G	H	J	K	L	I	O	P	J	K
A	S	D	F	G	H	T	H	E	H	J	K	L	L	O	I	U	K	U	Z	T	R	R	E	Q	A	S	D	F	G	H
J	K	L	P	O	I	U	H	Z	R	E	Q	A	S	D	F	G	H	F	Q	E	R	T	Z	U	I	O	P	L	K	I
O	A	S	D	R	T	C	G	Y	A	S	D	F	G	H	J	K	L	P	L	O	U	Z	T	T	R	E	Q	A	S	D
A	S	D	F	G	S	E	R	T	G	G	H	J	K	L	B	E	T	R	I	E	B	S	H	Y	G	I	E	N	E	Q
E	R	T	Z	I	Z	U	I	O	P	I	P	O	I	U	Z	T	R	E	Q	A	I	A	S	D	F	F	G	H	J	K
E	R	T	R	Q	A	S	D	F	G	G	E	Z	U	I	O	P	L	K	J	H	A	S	Q	E	R	T	Z	U	I	O
Y	X	F	Y	X	C	V	B	N	L	K	J	N	H	G	F	D	S	S	A	Y	X	C	C	E	R	T	Z	U	I	O
P	O	I	U	A	S	D	F	G	H	J	K	L	E	Q	E	R	T	Z	U	I	O	P	Y	H	X	C	V	B	N	K

Wiederholen

1. Was muss bei der Herstellung von Hackfleisch auf jeden Fall beachtet werden?
Lösen Sie folgendes Rätsel.

1. Wie nennt man Produkte, die aus oder unter Verwendung von Hackfleisch hergestellt werden?
2. Dieses Hackfleisch darf nur unter bestimmten hygienischen Voraussetzungen hergestellt werden.
3. Welcher Gehalt muss laut Leitsätzen eingehalten werden?
4. Welche Teile dürfen nicht zu frischem Hack verwendet werden?
5. Welches Fleisch darf nicht zu frischem Hack verarbeitet werden?
6. Welches Fleisch darf zu gemischtem Hack verwendet werden?
7. Was muss bei der Muskulatur des Zwerchfells entfernt worden sein, um diese zu Hackfleisch verarbeiten zu dürfen?
8. Von welchem Tier stammt das Hack, das gerne in der orientalischen Küche verarbeitet wird?
9. Wie nennt man eine Fleischzubereitung, die nur aus Rindfleisch hergestellt und mit einem Steaker rund und flach geformt wird?
10. So wird Tatar auch genannt.
11. Wie wird angemachtes Schweinehack noch bezeichnet?
12. Was schreiben die Leitsätze unter anderem vor?
13. Bevor das Fleisch zu Hackfleisch durchgedreht wird, muss es befreit sein von ...
14. Dieses Fleisch darf ebenfalls nicht für Hackfleisch verwendet werden.

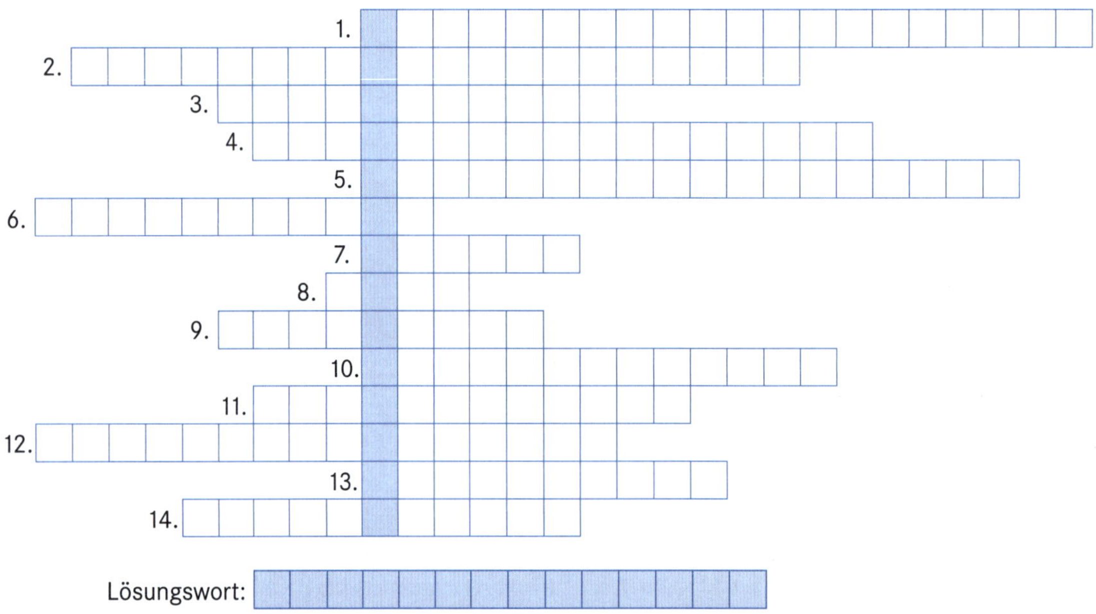

Lösungswort:

2. Ein frischer Hackbraten setzt sich zusammen aus 2,4 kg R II, 4,6 kg S IV, 1,75 kg eingeweichtem Weißbrot und 250 g Zwiebeln mit Gewürzen. Das R II enthält 17 % und das S IV 11,9 % BEFFE.
Berechnen Sie:
a) den BEFFE-Gehalt von der frischen Masse,
b) den BEFFE-Gehalt von dem fertigen Hackbraten, wenn dieser 18 % Bratverlust hatte.

3. Errechnen Sie von der Rezeptur aus Aufgabe 2 den durchschnittlichen Materialpreis, wenn 1,0 kg R II 3,25 €, 1,0 kg S IV 2,55 €, 1,0 kg eingeweichtes Weißbrot 1,25 € und die Zwiebeln mit Gewürzen 0,55 € kosten.

4. Ein Hackbraten wird aus 25 % Rinderhack, 45 % Schweinehack, 20 % Weißbrot und 10 % Binde- und Würzmittel hergestellt. An durchgedrehtem Rinderhack stehen 1,2 kg zur Verfügung. Berechnen Sie anhand der Menge des durchgedrehten Rinderhack die Rezeptur.

5. Eine Grundrezeptur für Frikadellen lautet wie folgt: 1,2 kg Schweinehack, 300 g Rinderhack, 350 g Weißbrot, 60 g Ei und 90 g Zwiebeln. Es sollen 6,0 kg hergestellt werden. Rechnen Sie die Rezeptur dementsprechend um.

Name: .... Klasse: .... Datum: ....

Orientieren

Sie stellen für den Sportverein „Fortuna“ grobe fränkische Bratwurst und Spieße mit Hackbällchen her.

Informieren

A Anforderungen der Leitsätze für Fleisch und Fleisch-Erzeugnisse

a) Grobe fränkische Bratwurst, Leitsatzkennziffer 2.22.11

Ausgangsmaterial:

- ....
- ....
- ....

....

Besondere Merkmale:

- ....
- ....
- ....
- ....

....

BEFFE-Gehalt:

- ....

b) Spieße mit Hackbällchen
Informieren Sie sich über die Herstellung von Hackbällchen (➜ Seite 202/209, Frikadelle, Boulette, Bratklops usw.).

Planen

Sie müssen für den Sportverein Fortuna .... kg grobe fränkische Bratwurst und .... kg Spieße mit Fleischbällchen herstellen und dieses auf Platten präsentieren.
Berechnen Sie die benötigten Fleisch- und Gewürzmengen für
- die grobe fränkische Bratwurst nach der Rezeptur im Lehrbuch (➜ Seite 210),
- die Hackbällchen nach der Rezeptur für Frikadellen (➜ Seite 202).

Als Vorlage können Sie hierzu das Rezeptblatt aus dem Anhang des Arbeitsheftes (➜ Seite 119) verwenden.

Durchführen

1. Stellen Sie die Fleischzubereitungen her.
2. Beachten Sie dabei die Unfallverhütungsmaßnahmen und die Hygienerichtlinien.

Bewerten

1. Nehmen Sie eine Bewertung vor (Schema im Arbeitsheft ➜ Seite 120).
2. Leiten Sie von den Ergebnissen eventuell Verbesserungsvorschläge ab.

2 ROHE BRATWÜRSTE UND SPIESSE MIT HACKBÄLLCHEN HERSTELLEN

Wiederholen

1. Für eine grobe Bratwurst verwendet Geselle Jochen Brandt 60 % S IV, 15 % S VI und 25 % S II. Von der Sortierung S VI sind noch 3,0 kg vorhanden, die aufgebraucht werden sollen. Berechnen Sie die jeweils benötigten Materialmengen anhand dieser 3,0 kg.

2. Für eine Bratwurst ist folgende Rezeptur angegeben:
12,5 kg S II (je kg 2,45 €); 10,0 kg R II (je kg 3,20 €); 13,5 kg S V (je kg 2,05 €); 6,0 kg S IV (je kg 2,15 €); 8,0 kg S VI (je kg 1,85 €). Pro kg werden 18 g Kochsalz (je kg 0,35 €) und 9 g einer Gewürzmischung (je kg 9,85 €) verarbeitet. Nach dieser Rezeptur sollen 30,0 kg hergestellt werden.
Berechnen Sie:
a) die jeweils benötigten Materialmengen,
b) den durchschnittlichen Materialpreis pro kg.

3. Eine feine Masse für Bratwurst setzt sich wie folgt zusammen:
25 % S II, 18 % R II, 10 % S VI, 23 % S IX, 24 % Eis
Die vorbereitete Einlage wiegt 13,0 kg und beträgt 65 % der Gesamtrezeptur. Berechnen Sie das Gewicht der feinen Masse und die einzelnen Mengen.

4. Eine Bratwurstmasse von 25,0 kg setzt sich wie folgt zusammen:
- 1/5 feine Brätmasse
- 1/4 Backe
- 4/8 S IV
- 1/20 S VI

Berechnen Sie die einzelnen Mengen.

5. Ihr Meister gibt Ihnen den Auftrag, Hackfleischspieße herzustellen. Er hat noch 2,1 kg vorgeschnittene Schweinefleischwürfel übrig, die verarbeitet werden sollen.
Die Rezeptur setzt sich wie folgt zusammen:
- 3 Teile Schweinefleischwürfel
- 2 Teile Rinderhackbällchen
- 4 Teile Bällchen aus Schweinehackfleisch
- 1,5 Teile Zwiebelstücke
- 0,5 Teile Paprikastücke

Berechnen Sie die Menge der übrigen Materialien anhand der 2,1 kg Schweinefleischwürfel.

6. Eine Zusammenstellung für Spieße mit Hackfleischbällchen besteht aus 5,5 Teilen Schweinehackfleisch, 6 Teilen Rinderhackfleisch, 4,5 Teilen gemischtem Hackfleisch, 3 Teilen Zwiebeln und 2 Teilen Paprikaschoten. Wie viel Kilogramm werden von den einzelnen Mengen benötigt, wenn insgesamt 10,5 kg hergestellt werden sollen?

7. Berechnen Sie den BEFFE-Gehalt von 30,0 kg Grillbratwurst. Sie setzt sich aus folgenden Mengen und BEFFE-Gehalten zusammen: 2,0 kg R II (17 %), 5,0 kg S II (17,5 %), 13,0 kg S IV (11,9 %), 5,0 kg S VI (7 %), 4,0 kg Eis und 1,0 kg Zutaten.

Name: .... Klasse: .... Datum: ....

Sie sollen Hackfleischprodukte in Fertigschälchen verpacken, etikettieren, einen Thekenabschnitt für frische und verpackte Hackfleischprodukte verkaufsfördernd einräumen und die Kunden im Verkaufsgespräch beraten.

Orientieren

Informieren

A Auszeichnen von Hackfleischprodukten

- Frische Produkte sind auf Schildern mit der handelsüblichen .... zu kennzeichnen. Die Tierart, von der das Fleisch stammt, muss aus der .... hervorgehen, z. B. ....
- Verpackte Produkte unterliegen der **L** .... -**K** .... -**V** .... Die Kennzeichnung muss an einer ins Auge fallenden Stelle gut .... und .... erfolgen.

V ....
Z ....
V ....
....
....
....
A ....
....
M ....
F ....
V ....
....
D ....
....
....
H ....

B Preisangaben

- Bei loser Ware muss nach Preisangabenverordnung neben der Verkehrsbezeichnung der Preis für .... bzw. .... angegeben werden. Die Angabe muss dem Produkt ....
- Waren zur Selbstbedienung (SB-Waren) müssen auf dem Preisschild neben der Verkehrsbezeichnung folgende Angaben enthalten:

  – .... – .... – ....

C Bestücken einer Theke

Nennen Sie Bewertungskriterien für eine ansprechende Thekenbelegung.

- Abschnitte übersichtlich und informativ gestalten.
- ....
- ....
- ....
- ....
- ....
- ....
- ....
- ....

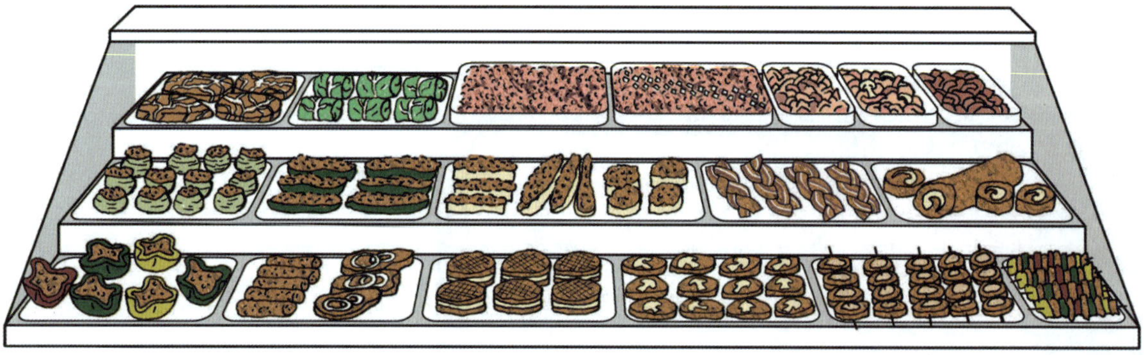

D Kunden beraten

Aus Hackfleisch lassen sich preiswerte und köstliche Gerichte herstellen, wie z. B.:

....

....

Sehr wichtig ist, dass das Verkaufspersonal den Kunden geeignete Rezepte rund um das Hackfleisch vorschlagen kann. Hierzu gehören in dem Beratungsgespräch vor allem:

....

....

Werbeaktionen steigern den Umsatz. Gute Mottos hierfür können sein:

....

....

Für eine Werbeaktion können folgende Werbemittel erstellt werden:

....

....

Name: .... Klasse: .... Datum: ....

E Verkaufspreise ermitteln

Vom Materialpreis zum Verkaufspreis

	....	(Preis aller Materialien für Fleisch, Zutaten usw.)
+	....	(alle Kosten der Herstellung: Löhne, Wasser, Energie, Raummiete)
=	....	(So viel kostet das Produkt nach der Herstellung.)
+	....	(alle Kosten beim Verkauf: Löhne, Wasser, Energie, Räume)
=	....	(So viel kostet das Produkt mit den Kosten aus dem Verkauf.)
+	....	(Als Unternehmer muss ich Geld verdienen.)
=	....	(So viel kostet das Produkt ohne Mehrwertsteuer.)
+	....	(Der Staat erhält einen Anteil.)
=	....	(Das ist der Ladenverkaufspreis.)

Planen

1. Erstellen Sie einen Belegungsplan für einen Thekenabschnitt mit verpackten und frischen Hackfleischprodukten. Beachten Sie dabei die Grundsätze der Thekenbelegung (➜ Seite 218).
2. Stellen Sie Verkaufsargumente für Hackfleisch und Fleischzubereitungen zusammen.
3. Beschreiben Sie einige Speisen, die aus Hackfleisch hergestellt werden können. Fügen Sie Rezepturvorschläge mit allen wichtigen Punkten hinzu, die zu einem Beratungsgespräch gehören.
4. Erstellen Sie ein Bewertungsblatt für die Thekenbelegung mit den Grundsätzen, die dabei zu beachten sind.

Durchführen

1. Bestücken Sie in der Gruppe einen Thekenabschnitt. Sollten keine Produkte oder Attrappen vorhanden sein, dann können Sie die Bestückung mit DIN-A4-Blättern vornehmen, worauf Sie Skizzen der Produkte gezeichnet haben.
2. Nehmen Sie abwechselnd in einem Rollenspiel eine Kundenberatung vor. In diesem Beratungsgespräch sollen alle Aspekte vorkommen, die bisher erlernt wurden, wie z. B. die Auszeichnung der frischen und verpackten Produkte, die Verwendung von Hackfleisch zu den verschiedensten Speisen mit Rezeptangaben sowie das Motto der Werbeaktion.

Bewerten

1. Nehmen Sie eine Bewertung Ihrer selbst angefertigten Thekenplanung unter Berücksichtigung der Grundsätze der Thekenbelegung vor.
2. Die Schüler, die nicht am Kundengespräch beteiligt sind, bewerten die Kundenberatung. Sind alle Aspekte berücksichtigt worden?

Wiederholen

1. Kreuzworträtsel

1. Wie nennt man durchgedrehtes Fleisch?
2. Was muss auf Fertigpackungen von Hackfleisch angegeben werden?
3. Wie heißt die Kostenstelle, bevor die Mehrwertsteuer aufgeschlagen wird?
4. Wie nennt man denjenigen, der in der Metzgerei einkauft?
5. Welche Fleischzubereitung aus Hackfleisch stammt aus dem Balkan?
6. Wie nennt man den Verdienst bei einem Unternehmer?
7. Wie nennt man ein Erzeugnis, das aus einer Masse Hackfleisch hergestellt und im Ganzen gebraten wird?
8. Was ist die deutsche Bezeichnung für Flyer?
9. Was interessiert den Kunden besonders, wenn er eine Frikadelle braten möchte?
10. Welches Werbemittel wird häufig in der Metzgerei eingesetzt?
11. Was muss beachtet werden, damit ein Hackbraten nicht verbrennt?
12. Wozu wird Tatar beim Rohverzehr gerne verwendet?
13. Der Preis von Hackfleisch ist ...
14. Wie heißen die Kosten, die bei der Herstellung eines Produktes anfallen?

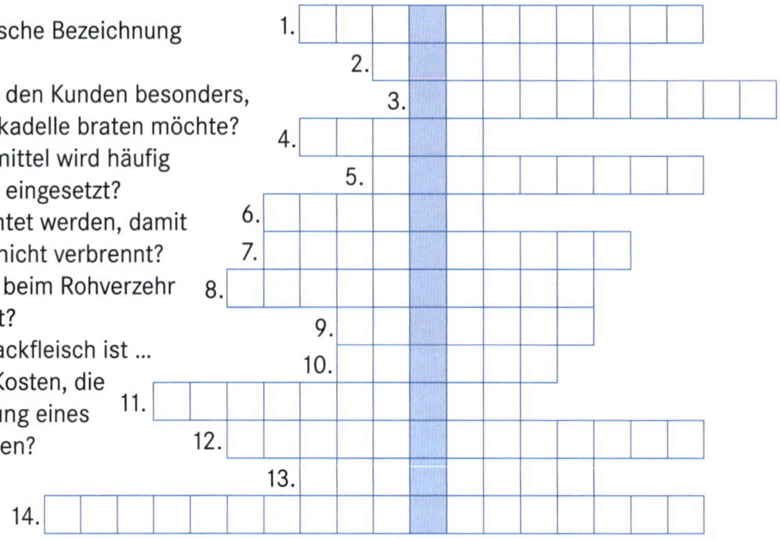

Lösungswort:

2. Ein Hackbraten besteht aus 2,4 kg gemischtem Hackfleisch (2,98 €/kg), 3 Eiern (100 g, Stückpreis 0,18 €), 300 g Weißbrot zu 0,50 € und 200 g Zwiebeln und Gewürze zu insgesamt 0,75 €. Für die Herstellung werden pro kg Masse 2,20 € aufgeschlagen. An Verkaufsgemeinkosten sind 45 %, an Gewinn 15 % und an Mehrwertsteuer der reduzierte Satz für Lebensmittel anzusetzen.

a) Berechnen Sie den Preis für 100 g, wenn der Hackbraten beim Braten 15 % an Gewicht verloren hat.
b) Berechnen Sie den Aufschlag in Euro und Prozent vom Materialpreis zum Nettoverkaufspreis.
c) Berechnen Sie den Aufschlag in Euro und Prozent vom Materialpreis zum Bruttoverkaufspreis.

3. Der Verkaufspreis von gemischtem Hackfleisch für 1,0 kg im Sonderangebot beträgt 4,89 €. Berechnen Sie den Nettopreis.

4. Im Laden wird 1,0 kg Cevapcici für 10,86 € verkauft. Wie hoch ist die Mehrwertsteuer?

5. Im Verkauf kosten 100 g frische Frikadellen 1,10 €. Der Meister stellt Ihnen die Aufgabe, den Gewinn in Euro und Prozent zu ermitteln, wenn 1,0 kg frische Frikadellen im Materialwert 3,20 € kosten, bei der Produktion 2,50 € an Herstellungskosten und 45 % an Verkaufsgemeinkosten aufgeschlagen werden.

Name: .... Klasse: .... Datum: ....

Orientieren

Für das Betriebsfest der Firma Müller KG sollen verschiedene (Filet-)Steaks für 100 Personen geliefert werden. Die Steaks sollen ausschließlich von Filetstücken geschnitten werden. Ihr Chef bittet Sie, ihm bei der Zusammenstellung der Lieferung behilflich zu sein.

Informieren

A Grundsätze der Fleischauswahl

Fleisch, das zum Kurzbraten oder Grillen geeignet sein soll, kann von verschiedenen Schlachttieren stammen:

S .... R .... K .... S .... P .... W ....

Am besten ist es, wenn

- es .... stammt,
- deren Fleischfasern noch .... sind und
- in der Beschaffenheit .... ist.

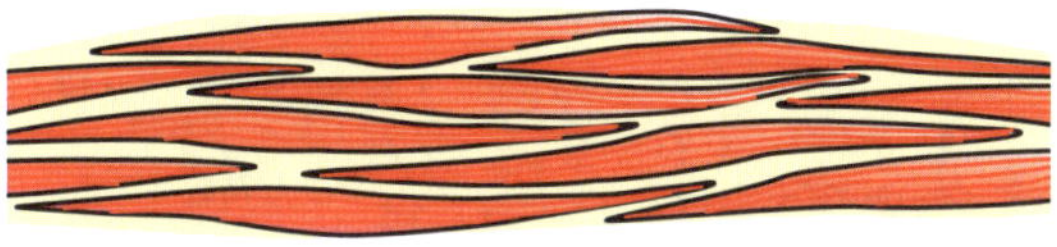

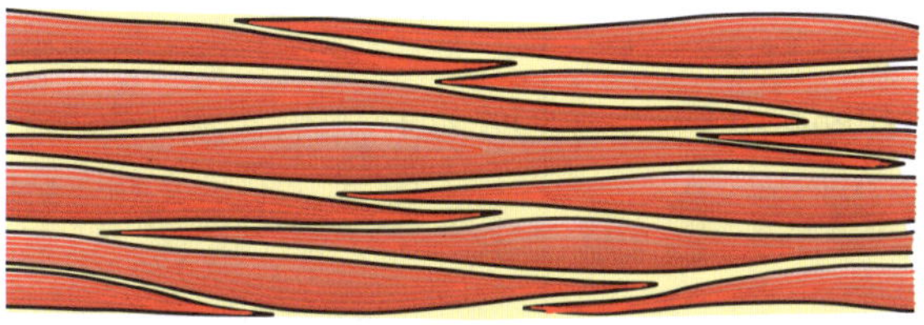

Stärkere Bindegewebsumhüllungen oder Sehnenplatten müssen

....

Begründung: ....

....

Die Entfernung von Fettauflagerungen sowie Haut- und Sehnenteilen bezeichnet man als ....

Merke: ....

....

....

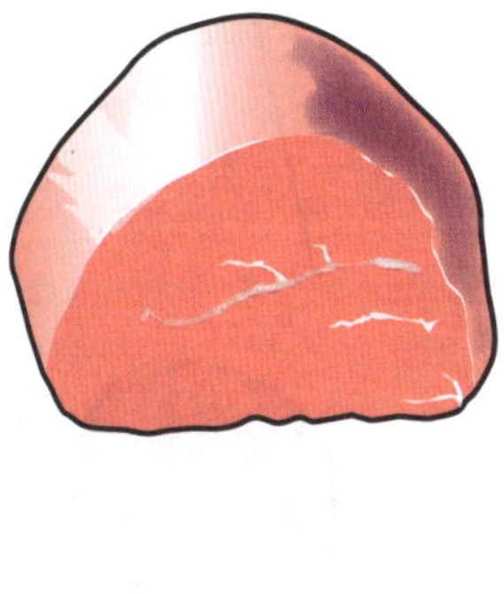

Günstig ist es, wenn im Muskelfleisch

- .... sind oder es mit
- .... ist,

da diese das Fleisch ....

B Rechtliche Bestimmungen

Der Begriff Filet ist festgelegt in den Leitsätzen für „**S** ……………………………………………………“.

Bezeichnung	Beschaffenheit	Besonderheit
Filet 	Ein Filet stammt ………………………… …………………………………… …………………………………… ……………………………………	Wenn keine Tierart angegeben ist, …………………………………… …………………………………… ……………………………………
Roastbeef 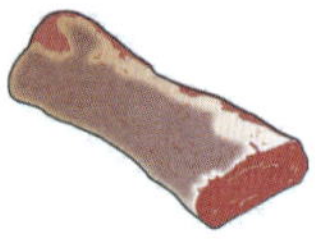	Ein Roastbeef ist …………………………………… …………………………………… …………………………………… ……………………………………	Als großes Roastbeef oder große Lende wird die …………………………………… …………………………………… …………………………………… bezeichnet.
Steak 	Ist eine …………………………………………………… …………………………………………………… …………………………………………………… ……………………………………………………	

C Filetzuschnitte

In der Küche wird das Rinderfilet je nach Position in …………………………………… geschnitten.

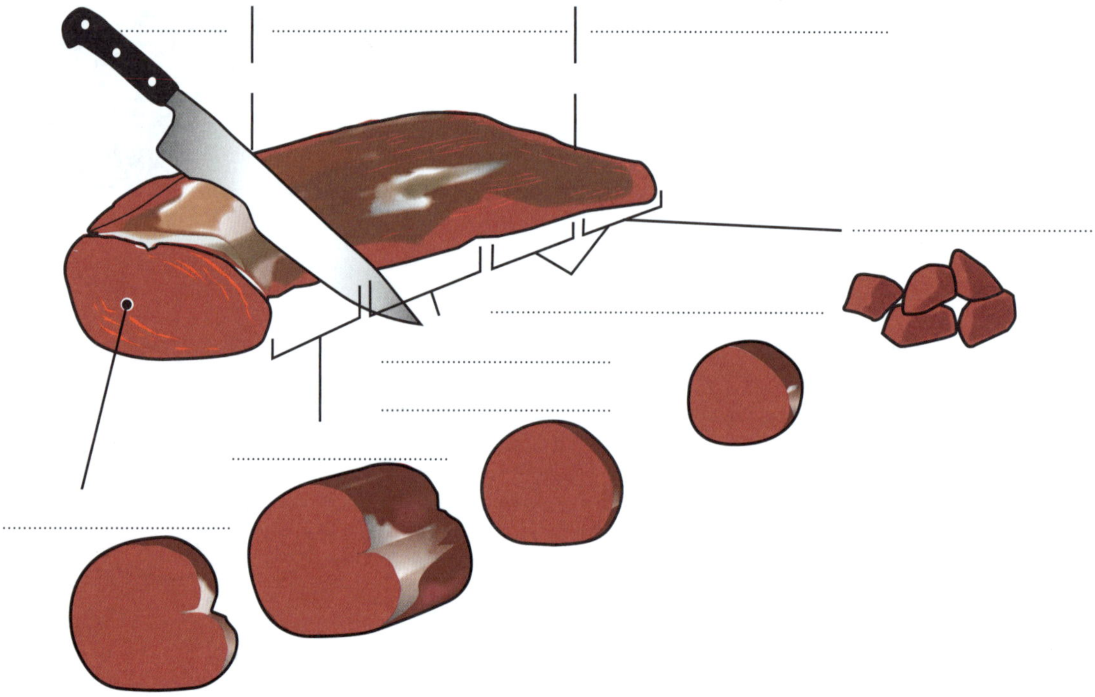

Name: .... Klasse: .... Datum: ....

D Roastbeefzuschnitte

Das Roastbeef wird in .... Bereiche unterteilt.

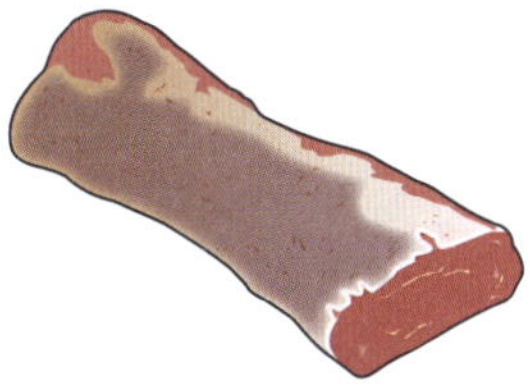

....

Die Steaks werden je nach Position unterschiedlich bezeichnet:

- ....
- ....
- ....
- ....
- ....
- ....
- ....
- ....

E Schweinefiletzuschnitte

Das Schweinefilet kann .... gebraten oder gegrillt werden oder in .... geschnitten werden.

....

....

F Putenfiletzuschnitte

Das Putenfilet wird aus dem Brustfleisch geschnitten.

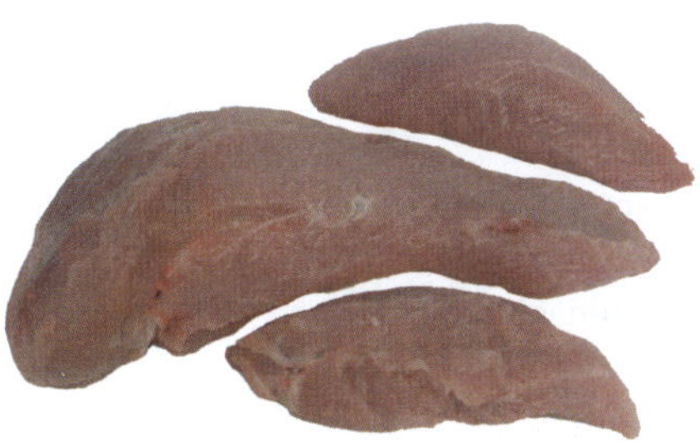

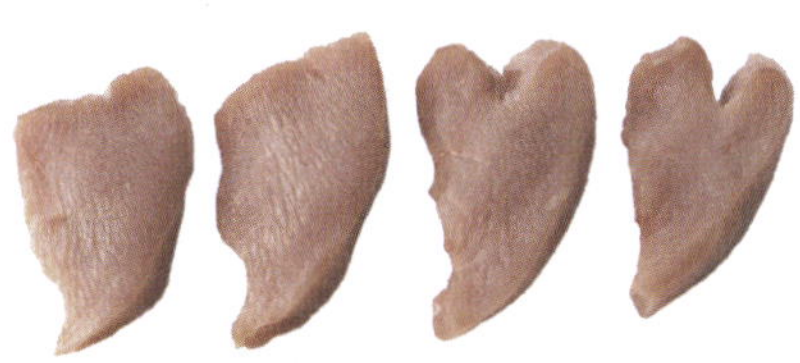

....

G Zubereitungstipps

Das Filet als „edelstes Fleischteilstück" muss fachlich korrekt, d. h.

.... geschnitten werden.

Zubereitung in Pfanne:

- ....
- ....

In der Küche werden .... unterschieden:

	Aussehen	Beschaffenheit
englisch	◗ .... ◗	◗ .... ◗ ....
medium	◗ .... ◗	◗ .... ◗ ....
durchgebraten „well done"	◗	◗ .... ◗ ....

Planen

Überlegen Sie, welche Fleischstücke der verschiedenen Schlachttiere Sie zu Steaks für das Betriebfest der Firma Müller KG benötigen. Wie viel Fleisch benötigen Sie, wenn pro Person 200 g rohes Fleisch eingeplant sind?

Durchführen

1. Erstellen Sie ein aussagekräftiges Angebot für die Firma Müller KG. Auf Wunsch des Kunden sollen die Steaks zu 1/3 aus Rindfleisch, zur Hälfte aus Schweinefleisch und der Rest aus Putenfleisch bestehen. Die gesamte Fleischmenge entspricht 6/6. Bieten Sie über die Fleischlieferung hinaus Beilagen, Salate und Desserts an.

Bewerten

2. Werten Sie in Partnerarbeit das Angebot Ihres Mitschülers aus.

Wiederholen

1. Erklären Sie, was als „parieren" eines Fleischstückes bezeichnet wird.
2. In welche drei Teilstücke wird das Rinderfilet in der feinen Küche unterteilt? Nennen Sie je ein Steak, das aus diesem Teilstück geschnitten wird.

Name: .... Klasse: .... Datum: ....

Die Jugendabteilung des Sportclubs „Schwarz-Gelb“ möchte für die Saisonabschlussfeier verschiedene Bratengerichte zubereiten. Empfehlen Sie einige und geben Sie Tipps, die bei der Zubereitung zu beachten sind.

Orientieren

Informieren

A Grundsätze der Fleischauswahl

Um Braten herzustellen, ist das Fleisch von allen Schlachttieren geeignet, aber bei der Auswahl ist einiges zu beachten.

Tierart	Schwein	Rind	Kalb	Schaf	Pute	Wild
▸ gut geeignet						
▸ geeignet						
Alter der Tiere						
▸ sehr jung						
▸ jung						
▸ älter						
Körperstelle						
▸ Keule						
▸ Schulter						
▸ Rücken						
▸ Hals						
▸ Brust						
▸ Bauch						
▸ Haxe						

B Rechtliche Bestimmungen

a) Nach den Leitsätzen für Fleisch und Fleischerzeugnisse handelt es sich bei Braten um:

- ....
- ....

b) Grundsätzlich ist bei der Bezeichnung des Bratenfleisches die Tierart anzugeben. Nennen Sie Bratenbezeichnungen, die eine Ausnahme bilden bei folgenden Tierarten:

- **Rindfleisch:** ....
- **Kalbfleisch:** ....
- **Schweinefleisch:** ....

c) Folgende Fleischteilstücke dürfen Knochen enthalten, ohne dass darauf hingewiesen werden muss:

....

....

C Spezielle Bratengerichte

Bezeichnung	Erklärung
Rollbraten	◗ ein im Zusammenhang belassenes, gerolltes oder von einem Netz umgebenes Fleischstück ◗ Tierart ist anzugeben, z. B. Schweinerollbraten
Nierenbraten	◗ ... ... ◗ ...  
Schweinenierenbraten	◗ ... ◗ ...
Putenrollbraten	◗ ... ◗ ... ◗ ... ... 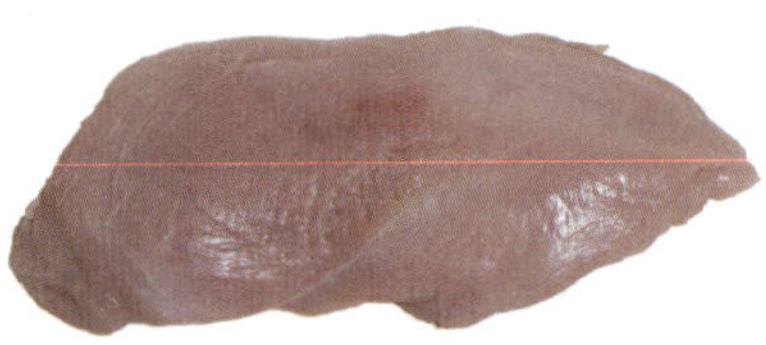 
Putenoberkeulenbraten	◗ ... ... ◗ ...
Tenderons	◗ ... ... ◗ ... ...

Name: .... Klasse: .... Datum: ....

D Hygiene bei der Herstellung

Das Vorbereiten der Bratenstücke stellt eine „ .... “ dar.

Begründung:

- ....
- ....
  ....
- ....
  ....
- ....
  ....

E Zubereitungstipps

Würzen	◗ erst unmittelbar vor .... damit ....
Anbraten	◗ .... ◗ ....
Garbraten	◗ .... ◗ ....
Bratdauer	ist abhängig von: ◗ .... ◗ .... ◗ .... ◗ .... ◗ ....

2 BRATEN UND ROLLBRATEN KÜCHENFERTIG VORBEREITEN

Planen

Wählen Sie Braten von drei verschiedenen Tierarten aus.

	Tierart	ohne Knochen	mit Knochen
1.	....	....	....
2.	....	....	....
3.	....	....	....

Durchführen

Erstellen Sie eine Materialliste für 35 Personen für Ihren Vorschlag. Geben Sie Tipps für die Zubereitung und empfehlen Sie Beilagen.

Bewerten

Präsentieren Sie Ihren Mitschülern Ihren Vorschlag und begründen Sie Ihre Auswahl.

Wiederholen

1. Von welchen Körperteilen eines Schweins sollen die Fleischteilstücke stammen, die zum Braten besonders geeignet sind?

2. Nennen Sie die Bratenfleischstücke vom Schwein, die Knochen enthalten dürfen, ohne dass dies besonders gekennzeichnet werden muss.

3. Erklären Sie, was Tenderons sind.

4. Erklären Sie, warum das Vorbereiten der Bratenstücke eine „hygienisch kritische Situation“ darstellt.

5. Wann sollten Bratenstücke gewürzt werden?

6. Welche Auswirkungen hat es, wenn Bratenstücke rundum scharf angebraten werden?

7. Beschreiben Sie, wovon die Dauer des Bratvorgangs abhängig ist.

8. Bei welchen Temperaturen sollte das Garbraten von Bratenstücken erfolgen?

9. Wie kann man feststellen, dass ein Braten „gargebraten“ ist?

Name: .... Klasse: .... Datum: ....

Orientieren

Für die Verabschiedung des Seniorpartners einer Softwarefirma soll eine Lieferung gepökelter, gebeizter und marinierter Fleischgerichte zusammengestellt werden. Empfehlen Sie verschiedene Gerichte, stellen Sie diese her und geben Sie Tipps für die Zubereitung.

Informieren

A Grundsätze der Fleischauswahl

Pökeln, beizen und marinieren

- kann für das Fleisch von allen .... und .... angewendet werden
- verändert die Beschaffenheit des Fleisches hinsichtlich
  - ....
  - ....
  - ....
  - ....
- bewirkt eine ....

B Pökeln von Fleisch

a) Herstellung einer Pökellake

- Zum Pökeln wird in der Regel Pökellake verwendet. Eine 10 %ige Pökellake besteht aus:

.... (.......... %) + ... (.......... %) + ...

- Zusammensetzung von Nitritpökelsalz:

.... %	+	0,5 %	=	100 % N P S

b) Pökelvorgang

Beschreiben Sie drei Schritte des Pökelvorgangs.

....
....

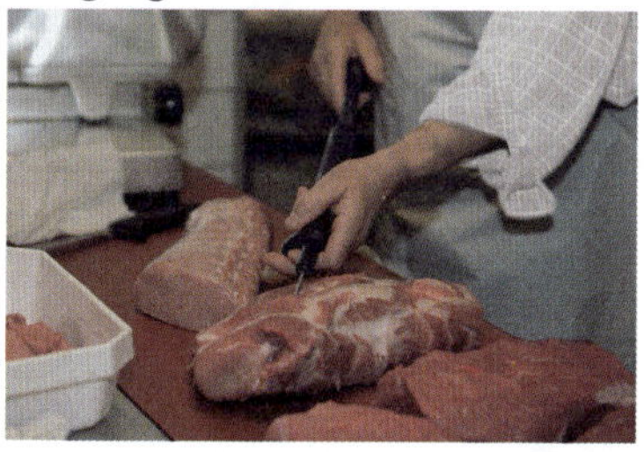

....
....

....
....

c) Wirkungen des Pökelns

Die Pökelstoffe bewirken im Fleisch

kräftige rote	intensiveres	.... Beschaffenheit

C Beizen von Fleisch

a) Herstellen einer Beize

Benennen Sie Zutaten für eine Beize.

.... + ... + ...

Zutaten (Wein,

....

....

.... u. a.)

b) Wirkungen des Beizens

....	....	....
....	....	....

c) Rindersauerbraten

Häufig verwendete Fleischteile:

- ....
- ....

Herstellung der Beize in Ihrem Betrieb: ....

....

Verkauf und Transport:

- ....
- ....

Beilagen zum Rindersauerbraten:

....

Name: .... Klasse: .... Datum: ....

D Marinieren von Fleisch

a) Herstellen einer Marinade

.... + ... + eventuell Alkoholika zur Aromaabrundung

....

....

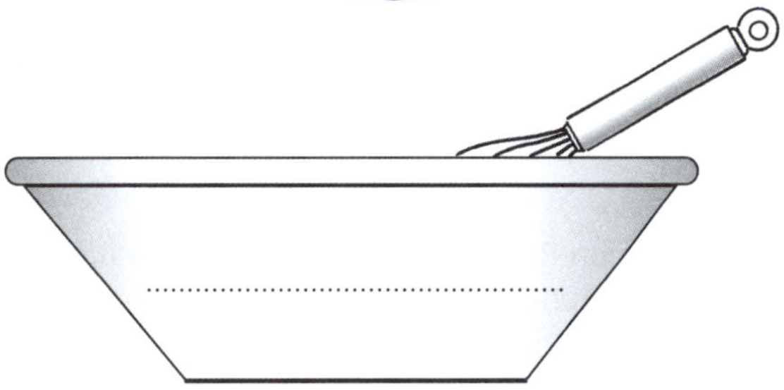

....

b) Wirkungen des Marinierens

....

....

....

....

....

....

E Hygiene – oberstes Gebot

Flüssigkeiten, wie ...., aber auch .... dringen .... in das Fleisch ein.

Unsaubere ...., verschmutzte .... sowie Keime aus .... und auf .... können den Pökel-, Beiz- und Mariniervorgang .... und zu .... Fehlern führen.

3 KÜCHENFERTIGE FLEISCH-ERZEUGNISSE DURCH PÖKELN, BEIZEN UND MARINIEREN AUFWERTEN

Planen

Erstellen Sie ein Angebot für verschiedene Fleischstücke, die Sie pökeln, beizen und marinieren wollen. Nennen Sie auch Produkte aus Ihrem Betrieb. Empfehlen Sie dazu Beilagen.

Fleischstücke	**Beilagen**

Durchführen

Erläutern Sie in einem „Telefon-Rollenspiel“ Ihren Angebotsvorschlag dem Seniorpartner der Softwarefirma.

Bewerten

1. Vergleichen Sie die „Telefon-Rollenspiele“ Ihrer Mitschüler und vergeben Sie schriftlich eine Rangfolge von 1 bis 3. Diskutieren Sie Verbesserungsvorschläge.
2. Werten Sie die einzelnen schriftlichen Angebote aus.

Wiederholen

1. Woraus besteht Nitritpökelsalz?

2. Woraus wird eine 10 %ige Pökellake hergestellt?

3. Nennen Sie die Grundlagen, aus denen eine Beize hergestellt wird.

4. Welche geschmacksgebenden Zutaten können zum Beizen verwendet werden?

5. Woraus wird eine Marinade hergestellt?

6. Benennen und beschreiben Sie verschiedene, in Ihrem Betrieb verwendete Marinaden und erläutern Sie deren Verwendungszweck.

7. Eisbeinstücke mit einem Gewicht von insgesamt 5,0 kg werden mit NPS-Lake gespritzt und nehmen dadurch 10 % an Gewicht zu. Wie viel wiegen die Eisbeinstücke nach dem Spritzen?

8. Ein mariniertes Rinderhüftsteak mit einem Gewicht von 290 g wird kurzgebraten und verliert dadurch 18 % an Gewicht. Ermitteln Sie das Gewicht des Hüftsteaks nach dem Kurzbraten?

9. Ein Hüftsteak wird auf einer Speisekarte mit 180 g Gewicht angeboten. Wie schwer muss es vor dem Kurzbraten mindestens sein, wenn mit einem Bratverlust von 17 % zu rechnen ist?

Name: .... Klasse: .... Datum: ....

Orientieren

Die Familie Hildebrand möchte ihre silberne Hochzeit zu Hause feiern. Das warme Buffet möchte sie sich von ihrer Fleischerei liefern lassen. Deshalb hat sie um einen Gesprächstermin gebeten. Ihre Chefin möchte, dass auch Sie bei diesem Gesprächstermin anwesend sind. Sie gibt Ihnen den Auftrag, sich festliche Gerichte zu überlegen, die Frau und Herrn Hildebrand angeboten werden könnten.

A Grundsätze für die Fleischauswahl

Informieren

Bardieren

bezeichnet das .... von Fleischstücken mit

- .... oder
- .... vom Schwein.

Wirkung: Die Speckstreifen

- schützen das Fleisch vor ....
- ....

Beispiele: Bardierter Rehrücken, ...

Spicken

bezeichnet das .... von

- ....
- .... in die Fleischstücke.

Wirkung: Die eingezogenen Fettstreifen

- .... beim Garen
- halten ....

Beispiele: ....

Einschlagen

bezeichnet das .... von Fleischstücken

- mit ....

Wirkung: Der Teig

- verhindert ein zu starkes ....
- ergibt ein optisch ....

Beispiele: ....

B Hygiene bei der Herstellung

Bei der Vorbereitung küchenfertiger Erzeugnisse ist größtmögliche Hygiene erforderlich. Das hat folgende Gründe:

- die Fleischstücke werden ....
- es besteht die Gefahr der ....

Der Gesetzgeber hat deshalb alle Betriebe verpflichtet, eine .... durchzuführen, wo nach dem .... für bestimmte Herstellungsabläufe eine .... durchgeführt und .... festgelegt werden.

Planen

Notieren Sie das Rezept für „Rinderspickbraten“ (➜ Seite 250 f.) und überlegen Sie, wo bei der Herstellung hygienisch kritische Situationen auftreten können.

Durchführen

Erstellen Sie nach dem HACCP-Konzept (➜ Seite 255) eine Gefahrenanalyse und legen die kritischen Kontrollpunkte für die Herstellung von „gespicktem Rinderbraten“ fest.

Bewerten

Vergleichen Sie, welche kritischen Kontrollpunkte Ihre Mitschüler festgestellt haben und lassen Sie sich diese begründen.

Wiederholen

1. Erklären Sie, warum hochwertige Fleischteilstücke häufig mit Speck oder Teig verfeinert werden.
2. Welche Aufgabe haben die Speckstreifen, mit denen die Fleischteile bardiert werden?
3. Beschreiben Sie die Wirkung von Speckstreifen, die in das Fleisch eingezogen werden.
4. Eine Rinderschwanzrolle mit einem Gewicht von 2 580 g wird gespickt und wiegt danach 2 650 g.
   a) Wie viel Gramm Speckstreifen wurden zum Spicken verwendet?
   b) Wie hoch sind die Kosten, wenn 1,0 kg Schwanzrolle im Laden mit 10,20 € verkauft werden und 100 g grüner Speck zu 0,80 €/kg angeboten wird?
5. Für die Herstellung einer Rinderbauchroulade werden folgende Materialien benötigt:
   - 1,8 kg Rinderdünnung à 7,20 €/kg
   - 400 g geräucherter Schweinebauchspeck à 4,80 €/kg

   Berechnen Sie die Materialkosen für 100 g fertig gerollte Rinderbauchroulade.

Name: .... Klasse: .... Datum: ....

Ihre Fleischerei soll für die Geburtstagsfeier einer Jugendclique verschiedene gefüllte Fleischerzeugnisse anbieten. Sie erhalten den Auftrag, sich in Ihrem Freundeskreis umzuhören, was unter jungen Leuten besonders beliebt ist. Empfehlen Sie hierfür einige Gerichte.

Orientieren

Informieren

A Auswahl der Fleischstücke

Fleischteilstücke, die mit einer Füllung versehen werden, sollen in ihrer Form so beschaffen sein, dass sie sich zum Füllen eignen. Dies ist dann möglich, wenn

- man eine ....
  ....

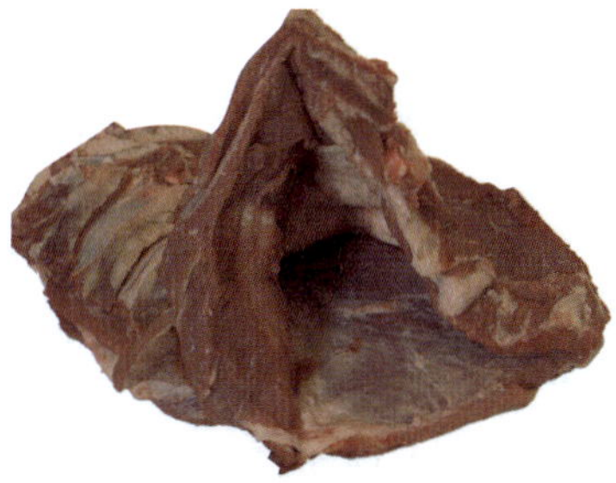

- oder man schneidet das Fleisch ....
  ....

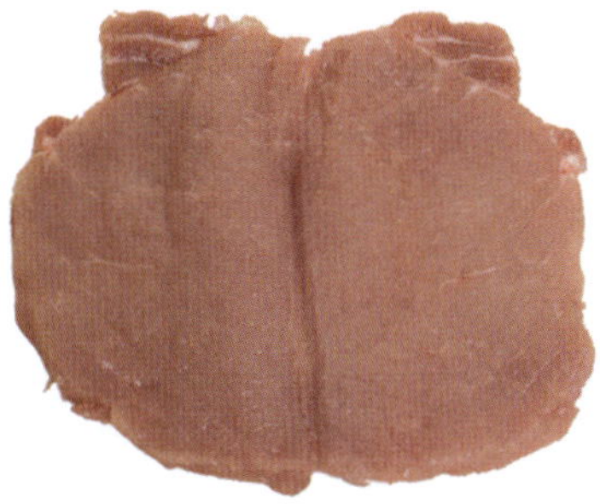

Mit dem Füllen soll dem Fleisch eine

....

oder Fleisch mit wenig Eigenaroma soll ....

B Rechtliche Bestimmungen

Nach den Leitsätzen werden unterschieden:

Rouladen Fleischröllchen Fleischvögel	sind ....
Galantinen	sind (➜ Seite 414) ....

Eine Füllung kann bestehen aus:

- ....
- ....
- ....
- ....

C Rindsroulade

Die Rindsroulade ist der Klassiker unter den gefüllten Fleischgerichten. Aus verschiedenen Teilstücken der Rinderkeule, z. B. .... kann Rouladenfleisch in ca. .... geschnitten werden.

Vorbereitung

- Fleischscheibe leicht klopfen und mit Senf bestreichen
- ....
- ....
- ....

Garen

- in heißem Öl rundum scharf anbraten
- ....
- ....

Planen

Überlegen Sie, wie Sie mit einer Umfrage in Ihrer Klasse das Gericht ermitteln können, das bei jungen Leuten am Besten ankommt.

Durchführen

Führen Sie in geheimer Abstimmung die Umfrage durch.

Bewerten

Lassen Sie nach Auswertung des Ergebnisses in einem Rundgespräch jeden einzelnen Mitschüler seinen Vorschlag begründen.

Wiederholen

1. Ein Schweinefleischröllchen wird aus 250 g Schnitzelfleisch und 120 g Füllung hergestellt. Wie hoch ist der Fleischanteil in %? Das Schweinefleischröllchen wiegt 370 g (250 g + 120 g).

2. Eine Rindsroulade, die gefüllt werden soll, wiegt 260 g. Fertig gefüllt und gerollt wiegt sie 390 g. Wie viel % beträgt die Füllung?

3. Ein fertig gefülltes Hähnchenbrustfilet wiegt 410 g. Wie viel Gramm darf die Füllung wiegen, wenn der Fleischanteil 66 % ausmachen soll?

4. In einer Rezeptur für Rinderrouladen werden pro Person 260 g Fleisch und 120 g für die Füllung angegeben. Berechnen Sie, wie viel Fleisch und wie viel Füllmasse für die Herstellung von 35 fertigen Rouladen erforderlich sind.

Name: .... Klasse: .... Datum: ....

Auf der Fahrt mit dem Bus zur Berufsschule hören Sie, wie zwei Fahrgäste sich über die Qualität der Wurst aus einem Fleischerfachgeschäft unterhalten und dabei sehr unterschiedliche Meinungen vertreten. Wie könnte man auf solch unterschiedliche Meinungen reagieren und mit stichfesten Argumenten aufklären?

Orientieren

Informieren

A Erwartungen des Kunden

Erzeugnisse aus dem Fleischerfachgeschäft müssen nicht nur den ....

.... entsprechen, sondern auch den ....

.... genügen. Dabei beurteilen diese die ....

.... Man bezeichnet dies als .... ,

d. h. Beurteilung mit unseren ....

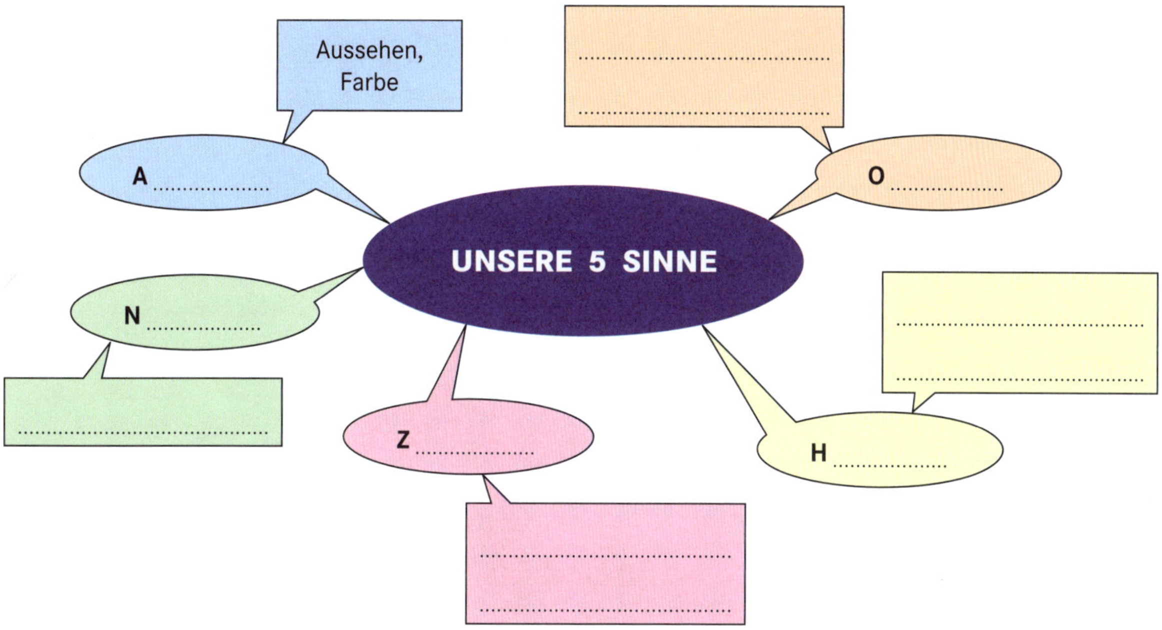

B DLG-Qualitätswettbewerb

a) Prüfkriterien

Die DLG (....) prüft jährlich mehr als 20 000 Lebensmittel auf ihre Qualität.

Der Wettbewerb – die Teilnahme ist freiwillig – besteht aus:

- ....
- ....
- ....
  ....

b) Prüfschema

Das Prüfschema besteht aus .... mit zahlreichen Unterpunkten (➜ Seite 266).

Ä ....

z. B. zu wenig gefüllt, Schnittbild unklar, ...

....

....

A ....

z. B. Zerkleinerung ungenügend, Farbe zu blass, ...

....

....

K ....

z. B. zu weich, gummiartig, ...

....

....

G ....

z. B. säuerlich, fremdartig, ...

....

....

G ....

z. B. salzig, sauer, ...

....

....

Für die sensorische Prüfung werden die Fleischwaren ....,
z. B. Fleischgerichte mit und ohne Beilage.
Für jede Gruppe gibt es ein bestimmtes Prüfschema mit einer ....

Punkte	Qualitätsbeschreibung	allgemeine Eigenschaften
5	....	....
4	....	....
3	....	....
2	....	....
1	....	....
0	....	....

Name: .... Klasse: .... Datum: ....

C) DLG – Prämierung

Die einzelnen Kriterienbereiche .... Die Summe der Teilergebnisse ergibt das .... Sie ist die .... Die Höhe der Qualitätszahl entscheidet, ...

C Rechtliche Bestimmungen

Als rechtliche Grundlagen werden bei jeder Qualitätskontrolle herangezogen:

- ....

und

- ....

a) Verkehrsauffassung

Definition: ....

....

Die beteiligten Kreise sind:

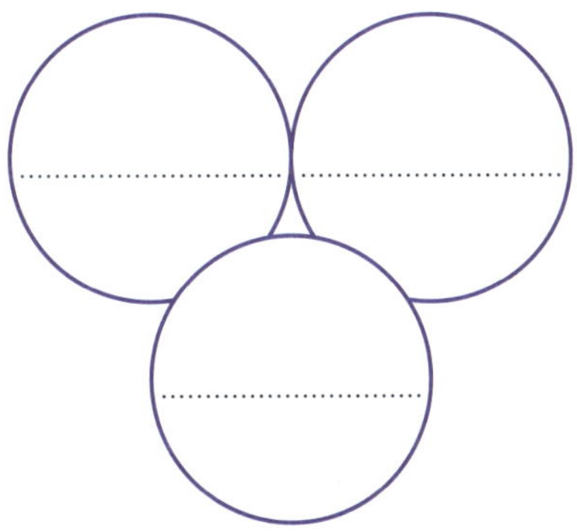

Die Verkehrsauffassung berücksichtigt dabei zwei Bereiche:

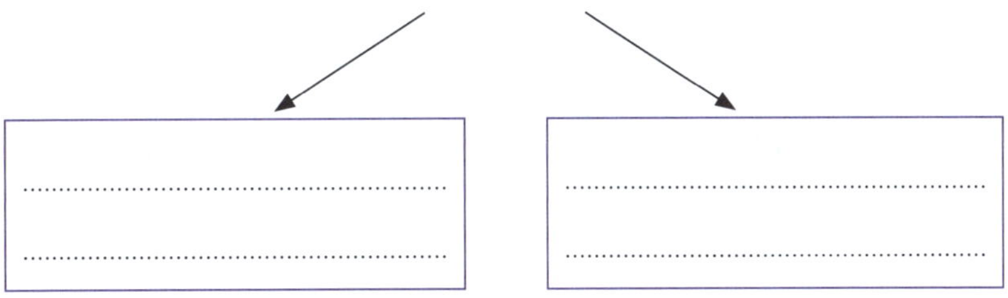

b) Verbrauchererwartung

Definition: ....

....

Erwartungen an ein Lebensmittel:

- ....
- ....

6 DIE PRODUKTQUALITÄT KÜCHENFERTIGER ERZEUGNISSE BEURTEILEN

Planen

Gestalten Sie einen Fragebogen, mit dem Sie in Ihrer Klasse die Verbrauchererwartung Ihrer Mitschüler zu einem bestimmten Fleischerzeugnis ermitteln können. Orientieren Sie sich dabei an den vier Bereichen des Prüfschemas der DLG.

Durchführen

Ermitteln Sie anhand des Fragebogens die Verbrauchererwartung Ihrer Mitschüler an ein bestimmtes Fleischerzeugnis.

Bewerten

Werten Sie das Ergebnis der Fragebogenaktion aus. Bei unterschiedlichen Angaben zu den einzelnen Bereichen des Prüfschemas gilt die Mehrheitsentscheidung.

Wiederholen

1. Erläutern Sie, was man bei der Qualitätsbeurteilung von Fleischprodukten unter „sensorischer Beurteilung“ versteht.

2. Nennen Sie je ein Beispiel für jede der verschiedenen sensorischen Beurteilungsmöglichkeiten.

3. Welche Prämierungen verleiht die DLG bei ihrer Qualitätskontrolle (→ Seite 264 f.)?

DLG-Preis	Qualitätszahlen
……… **DLG-Preis**	………
……… **DLG-Preis**	………
……… **DLG-Preis**	………

4. Erläutern Sie kurz den Begriff „Verkehrsauffassung“.

5. Welche Bedeutung hat bei der Qualitätskontrolle die Verbrauchererwartung?

Orientieren

Informieren

Name: ………………… Klasse: ………… Datum: …………

Ein Aktionstag zum 10-jährigen Jubiläum der Filiale der Buchheim KG soll veranstaltet werden. Sie sollen diesen planen und Werbematerialien dafür gestalten.

A Ziele der Werbung

- ……………………………………………
- ……………………………………………
- Förderung von **Image** und **Ruf in der Öffentlichkeit**, z. B. durch:

	gleich bleibende …………………… …………………… ……………………
14. bis 18. Juni: UNSERE MITTAGSRENNER DIE GUTE KÜCHE ZUM KLEINEN PREIS!	…………………… wie z. B. Platten- und Partyservice, Mittagsimbiss, Lieferservice
	Pflege …………………… …………………… ……………………
	faire ……………………
Metzgerei Märzenich Prämierte Qualität aus eigener Herstellung	einheitliches …………………… in der Öffentlichkeit: Firmenzeichen (= Logo) z. B. auf …………………… ……………………

B Beliebte Werbematerialien und Werbemaßnahmen (➜ Seite 277 ff.)

……………………………………………

……………………………………………

……………………………………………

C Grenzen der Werbung (➜ Seite 276)

§ Aussagen müssen ……………………………………………

§ Mitbewerber ……………………………………………

D AIDA-Modell

Das AIDA-Modell (➔ Seite 274) beschreibt vier ...., die der Kunde bis zum .... durchläuft.

A = ...: ....
z. B. durch werbewirksam gestaltete Schaufenster, Angebotstafeln, Anzeigen und Handzettel

I = ...: ....
z. B. ansprechende und appetitliche Präsentation des Produkts in der Verkaufstheke

D = ...: ....
z. B. Anbieten einer Kostprobe, Zubereitungsempfehlung für das Produkt geben, passende Zusatzangebote unterbreiten

A = ...: ....

E Gefühls- und Wertebereich des Kunden

Der Kunde kauft Waren aus **G** .... und aus **S** .... (➔ Seite 275 f.).

Fleischer/in/Verkäufer/in

„Feiern Sie mit Ihren Freunden, wir übernehmen gerne das Kochen für Sie!“

„Probieren Sie doch mal unsere neuen, leckeren und leichten Salatkreationen!“

„Unsere küchenfertigen Spezialitäten erweitern Ihren Speisezettel und sind ganz schnell zubereitet!“

„Probieren Sie unsere Wurstsorten mit extra wenig Fett!“

„Die Herkunft unseres Fleisches ist lückenlos nachvollziehbar, es stammt von Bauern aus der Region.“

Kunde

....
....

....
....

....
....

....
....

....
....

Name: .... Klasse: .... Datum: ....

Planen

1. Entwerfen Sie ein Konzept für die Durchführung des Aktionstages und erstellen Sie dazu einen Aktionsplan.

2. Das Konzept sollte Antworten auf folgende Leitfragen enthalten (➜ Seite 276):

	....
	....
	....
	....
	....
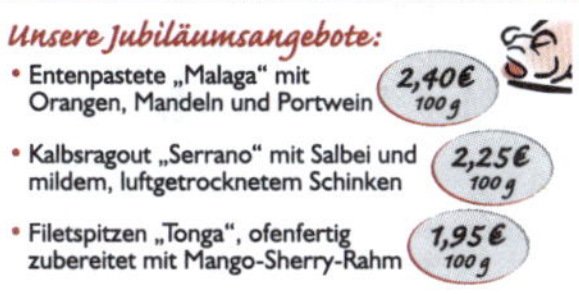	....

Durchführen

Setzen Sie eine der geplanten Werbemaßnahmen wirksam um, z. B. Gestaltung eines Handzettels, Schaufensterdekoration, Anzeige in der Tagespresse usw. und ermitteln Sie die voraussichtlich anfallenden Kosten.

Bewerten

Lassen Sie in Partnerarbeit Ihr Produkt von einem Mitschüler bewerten. Mögliche Kriterien dafür können sein:

- Gestaltung (Farbeinsatz, Form)
- inhaltliche Aussagekraft
- Attraktivität für den Kunden
- Herstellungsaufwand
- Personaleinsatz
- Kostenaufwand

Wiederholen

1. Familie Baringer überlegt verschiedene Werbemaßnahmen für ihre Fleischerei.

a) Sie entschließt sich zunächst, mit einem Handzettel zu werben. Die äußere Gestaltung des Handzettels übernimmt ein Grafiker. Er benötigt dazu drei Stunden zu einem Kostensatz von 45,00 € je Stunde. Die Herstellung (beidseitiger Farbdruck, Hochglanz) der Handzettel kostet je 500 Stück 24,00 € zuzüglich 19 % MwSt. Die Handzettel werden im Zeitungsverlag in die Regionalausgabe eingelegt. Der Verlag verlangt dafür 75,00 € je 1 000 Stück. Für die Regionalausgabe werden 30 000 Stück benötigt. Kalkulieren Sie die Gesamtkosten.

b) Alternativ überlegt Herr Baringer, ob es statt der Einlage des Handzettels in die Zeitung nicht günstiger ist, ein selbst gestaltetes Schwarz-Weiß-Inserat (zweispaltig mit 8 cm Höhe) fünfmal im Anzeigenteil der Regionalausgabe zu schalten. Ein mm Spaltenhöhe kostet pro Spalte 1,95 € zuzüglich 19 % Mehrwertsteuer. Zudem sollen 2 000 Handzettel gedruckt und selbst verteilt werden. Welche Variante ist günstiger?

2. Ein Lokalsender bietet für die Ausstrahlung eines Radiospots folgende Konditionen:

Montag bis Freitag		Samstag, Sonn- und Feiertage	
06.00 - 10.00 Uhr	6,50 €/Sek.	08.00 - 14.00 Uhr	5,30 €/Sek.
10.00 - 16.00 Uhr	5,50 €/Sek.	14.00 - 22.00 Uhr	4,40 €/Sek.
16.00 - 19.00 Uhr	5,90 €/Sek.		
19.00 - 22.00 Uhr	4,90 €/Sek.		

Die Preise verstehen sich zuzüglich 19 % MwSt.
Die Konzeption und Produktion eines 20 Sekunden langen Werbespots mit Musik und Profisprechern kostet 245,00 €. Er soll eine Woche lang (Montag bis Freitag) zweimal täglich um 10.30 Uhr und um 17.30 Uhr gesendet werden. Ab einem Gesamtumsatz von 1 500,00 € gewährt der Radiosender 3 % Rabatt. Berechnen Sie die anfallenden Kosten.

3. Im nachfolgenden Rätsel sind 12 Begriffe aus dem Kapitel versteckt. Diese sind senkrecht, waagerecht oder diagonal von oben nach unten bzw. von unten nach oben zu finden.

P	J	W	V	S	M	U	G	R	A	W	O	L	G	M	Z	W	B	D	S
N	F	V	T	Z	E	I	T	U	N	G	S	A	N	Z	E	I	G	E	X
Z	K	U	N	D	E	N	Z	E	I	T	S	C	H	R	I	F	T	M	R
G	O	U	L	H	S	R	N	K	L	S	B	W	B	O	O	H	F	D	S
E	A	P	L	A	K	A	T	O	G	E	B	E	L	J	K	U	E	O	M
X	I	B	G	N	N	D	K	M	Z	H	B	J	I	K	H	R	G	R	F
M	D	P	O	D	I	I	K	T	L	R	T	Z	H	G	A	M	E	R	V
N	A	E	W	Z	M	O	U	F	I	R	M	E	N	L	O	G	O	X	A
Y	M	V	F	E	T	S	N	E	N	O	W	E	U	K	L	I	M	N	B
B	O	T	R	T	V	P	F	T	T	Z	N	M	F	D	S	W	O	K	I
L	D	P	K	T	I	O	K	J	N	B	R	S	V	B	N	G	H	J	K
K	E	L	I	E	Z	T	H	P	H	O	M	E	P	A	G	E	W	E	Q
C	L	U	U	L	K	L	R	E	F	N	M	V	C	L	P	K	J	H	R
C	L	A	I	R	E	T	A	M	S	G	N	U	K	C	A	P	R	E	V
U	J	K	E	W	A	Q	F	D	B	V	H	G	G	K	Z	N	J	K	L

Name: .... Klasse: .... Datum: ....

Orientieren

Frau Müller wünscht sich von Jens Witte von der Fleischerei Baringer eine umfassende Beratung, um passende Fleischwaren für ihre Grillparty auswählen und kaufen zu können. Versetzen Sie sich in die Lage von Jens und bereiten Sie ein Verkaufsgespräch vor.

Informieren

A Ich empfange und begrüße den Kunden.

- Augenkontakt aufnehmen und lächeln
- freundlich grüßen, z. B. ....
- Stammkunden ....

B Ich ermittle den ....

- **offene Einstiegsfrage** stellen, z. B. ....
  ....
  ....
- **persönliche Anredefürwörter** bewusst einsetzen, z. B. ....

C Ich .... Waren.

a) Regeln für die Warenpräsentation:

- Wurstwaren .... bzw. Fleisch .... zeigen
- Hilfsmittel: ....

Merke: Hautkontakt ....

b) Kunde <u>mit</u> festem Kaufwunsch

> Bitte geben Sie mir eine Lage von dem Wacholderschinken und drei Schweineschnitzel! Das ist alles! Danke!

- gewünschte Ware fachgerecht präsentieren
- Fragen des Kunden ....

Ist die gewünschte Ware nicht vorrätig:

– ....

– ....

c) Kunde <u>ohne</u> festen Kaufwunsch

> Ich weiß noch nicht genau. Schinken oder vielleicht etwas magere Wurst. Was können Sie denn empfehlen?

- Kaufwunsch durch .... eingrenzen, z. B.
  ....
  ....
  ....

- Vorgehensweise bei der Warenvorlage:
  - zunächst mit ………………… Produkt der ………………… beginnen
  - ggf. weitere Waren …………………
  - wichtig: Vorzüge der gezeigten Waren herausstellen, z. B. …………………

    …………………
  - Einwände mit …………………
- Kaufentschluss gezielt mit …………………

  herbeiführen, z. B. …………………

  …………………

Merke: Kunden …………………

…………………

~~Wollen Sie den Wacholderschinken wirklich nicht? Da verpassen Sie aber etwas, wenn Sie ihn nicht probieren. Er ist nur noch heute im Angebot!~~

D Ich ………………… ab und ………………… sachgerecht ein.

Ware	Geeignetes Verpackungsmaterial
Salate Flüssigkeiten	………………… …………………
Wurstwaren am Stück Käse am Stück	………………… …………………
Aufschnitt Schinken	………………… ………………… …………………
Fleisch am Stück	…………………

E Ich …………………

Zusatzangebote sind …………………

Beispiele:

Rinderrouladen: …………………

Grillgut: …………………

Fleischsalat: …………………

Name: .... Klasse: .... Datum: ....

F Ich schließe den Verkaufsvorgang ab und .... ein.

- Verpackungsmittel: .... oder .... in ausreichender Größe
- Packprinzip:
  - unten: ....
  - dazwischen: ....
  - oben: ....
- ....

G Ich ....

Ermitteln Sie die richtige Reihenfolge!

1	Hände waschen
	Kassenzettel aushändigen (= Rechnung und Quittung für den Einkauf)
	Geldscheine in die Kasse legen
	Geldscheine neben die Kasse legen
	Rechnungssumme laut und deutlich ansagen
	Wechselgeld laut und deutlich vorzählen
	Hände waschen

Merke: Die enthaltene Mehrwertsteuer beträgt für Nahrungsmittel in der Regel ...., für Getränke und Serviceleistungen ....

H Ich ....

Frau Endres,

.... für Ihren Einkauf.

Ich wünsche Ihnen ....

....

1. Planen Sie das Verkaufsgespräch und stellen Sie für die Grillparty für 15 Personen geeignete Fleischwaren zusammen. Verfahren Sie gemäß nachfolgender Tabelle.

geeignete Fleischwaren	Bruttoverkaufspreis	Verkaufsargument	Verzehrsmenge pro Person	Zusatzangebote

Planen

1. Führen Sie das Verkaufsgespräch durch!
2. Stellen Sie eine Rechnung über die gekauften Waren und einen Quittungsbeleg aus (eigenes Blatt oder ggf. DIN-Formulare).

Durchführen

1. Nehmen Sie eine Bewertung des Verkaufsgespräches vor (Videoaufzeichnung).
2. Leiten Sie Verbesserungsvorschläge ab.

Bewerten

Wiederholen

1. a) Verbinden Sie. Welches Zusatzangebot würden Sie bevorzugt empfehlen?

Ware	**Zusatzangebot**
Brathähnchen	Rotkohlkonserve
Wiener Würstchen	süßer Senf
Hackfleisch	Kartoffelsalat
Weißwurst	mittelscharfer Senf
roher Schinken	Spaghetti
gebeizter Sauerbraten	Meerrettich

b) Geben Sie für jeden Artikel mindestens eine weitere Zusatzempfehlung.

c) Beschreiben Sie, wie Sie die Artikel „transportsicher“ verpacken würden.

Artikel	Zusatzempfehlung	Verpackung
Brathähnchen	gemischter Salat, Ketschup	Alufolie, Plastikbeutel, Plastikschale mit Deckel für Salat
Wiener Würstchen		
Hackfleisch		
Weißwurst		
roher Schinken, aufgeschnitten		
gebeizter Sauerbraten		

2. Der Pächter der Sportgaststätte des örtlichen Fußballclubs bestellt für eine Vereinsfeier folgende Waren zu Nettopreisen:

- 2,8 kg Schweinebauch zu 4,90 €/kg
- 6,3 kg Rindergulasch zu 8,50 €/kg
- 40 Schweineschnitzel (160 g je Stück) zu 7,20 €/kg
- 35 Rinderrouladen (180 g/Stück) zu 0,97 €/100 g

Wie viel muss der Pächter insgesamt bezahlen, wenn noch die gesetzliche Mehrwertsteuer aufgeschlagen wird?

3. Die Stammkundin Frau Oeker erhält für ihr Grillfest folgende Waren zu Bruttopreisen geliefert:

- 2,56 kg marinierte Schweinerückensteaks zu 12,80 €/kg
- 3,23 kg Schweinsbratwürste zu 10,80 €/kg
- 3 Flaschen Grillsoße zu 2,45 €/Flasche
- 2,5 kg Kartoffelsalat zu 0,89 €/100g

Ihre Chefin gewährt Frau Oeker 5% Rabatt vom Bruttorechnungsbetrag. Stellen Sie die Rechnung aus.

Name: … Klasse: … Datum: …

Die Fleischerei Baringer veranstaltet zu Beginn der Grillsaison eine Aktion zum Thema „Unsere Steaks – schmackhaft und gesund!“. Sie werden beauftragt, dafür ein informatives und ansprechendes Ladenplakat zu entwerfen sowie Zubereitungstipps und Rezepte bereitzustellen.

Orientieren

A Inhaltsstoffe des Fleisches – prozentuale Zusammensetzung im Magerfleisch

Informieren

…

Aufbau, Erhaltung und Erneuerung …

…

Energie für … und für die …

…

Steuerung der … , sog. Stoffwechsel

mageres Fleisch

Wasser: ca. … %

Eiweißstoffe: ca. … %

Fette: ca. … %

…: ca. 1 %

… : ca. 1 %

B Wasser

Baustein	Bedeutung für den menschlichen Körper
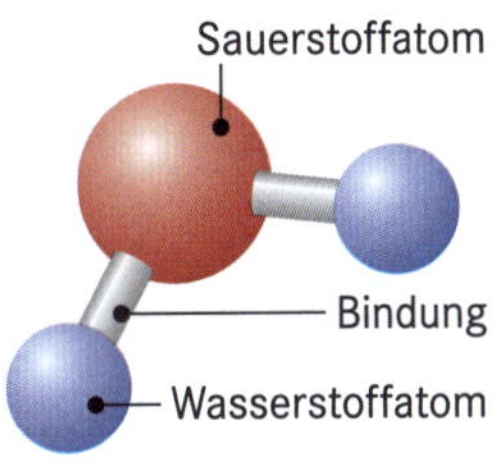	◗ … : Bestandteil der Körperzellen, der Blut- und Lymphflüssigkeit, der Verdauungssäfte u. Ä. ◗ … : Lösen von Stoffen und Weitertransport, z. B. zu … , Rücktransport der Schlackenstoffe zu den Ausscheidungsorten (z. B. …). ◗ … : Konstanthalten der … , z. B. durch … wird der Körperoberfläche Wärme entzogen.

C Eiweißstoffe

Bausteine	Aufbau	wichtige Vertreter
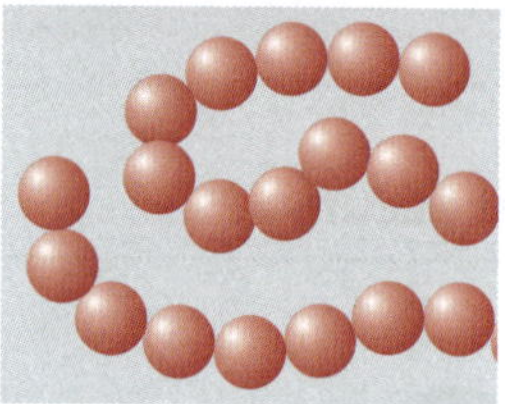 .... bestehend aus den chemischen Elementen: ...... = Schwefel ...... = Kohlenstoff ...... = Wasserstoff ...... = Sauerstoff ...... = Stickstoff	Einfache Eiweißstoffe oder Proteine: Viele Aminosäuren bilden lange, spiralförmig gedrehte Ketten.	Muskeleiweißstoffe: ▸ .... ▸ .... Hauptbestandteil des BEFFE = ...
	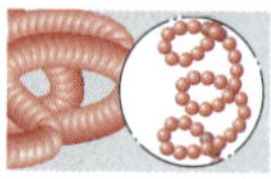 Sind diese .... verschlungen, nennt man sie .... Eiweißstoffe.	
	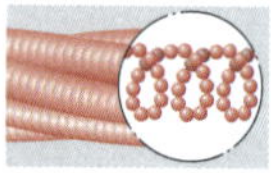 Sind mehrere Ketten zu Strängen verdreht, nennt man sie .... Eiweißstoffe.	Bindegewebseiweißstoffe: ▸ .... ▸ .... in Sehnen, Bändern, Knorpeln
	Zusammengesetzte Eiweißstoffe, sog. .... : Proteine mit Nichteiweißstoffen, z. B.	Farbeiweißstoffe: ▸ Blutfarbstoff = ... ▸ Muskelfarbstoff = ...

a) Bedeutung für den menschlichen Körper

- ...., z. B. Muskeln, Haut, Haare, Nägel
- Bildung von ....

Tagesbedarf: ....

b) Biologische Wertigkeit von Eiweißstoffen

Sie gibt an, ...

....

Dies ist abhängig vom Anteil an .... (lebensnotwendigen) Aminosäuren.

Hohe biologische Wertigkeit:

100 g Fleischeiweiß (Rindfleisch)	
.... g (verwertbar)	.... g (nicht verwertbar)

Niedrige biologische Wertigkeit:

100 g Eiweiß aus Bohnen	
.... g (verwertbar)	.... g (nicht verwertbar)

c) Ergänzungswert

= Kombination von hochwertigen .... bei der Nahrungsaufnahme, um den Anteil an essenziellen Aminosäuren in der Nahrung zu erhöhen.

Speisen mit hohem Ergänzungswert:

- ....
- ....

Speisen mit geringem Ergänzungswert:

- ....
- ....

Name: .... Klasse: .... Datum: ....

D Fette

Fette bestehen aus den chemischen Elementen Kohlenstoff (C), Wasserstoff (H) und Sauerstoff (O).

Aufbau

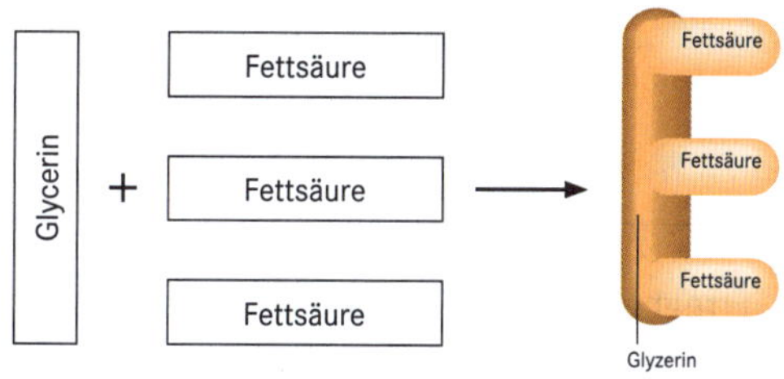

1 Teil .... + drei .... = ...

In Fetten und Ölen sind davon eine Vielzahl mit ähnlichem Aufbau enthalten.

Bedeutung für den menschlichen Körper

- Körperfettgewebe: ....
- Speicherung der überschüssigen Energie als ....
- Träger von ....
- Lieferant für .... Fettsäuren

  (sogenannte Omega-3- oder Omega-6-Fettsäuren) sind z. B.: ....
- Fette und Öle fördern die Aufnahme der .... (A, D, E, K) bei der Verdauung.
- Tagesbedarf: ....

E Kohlenhydrate

Das im Fleisch enthaltene Kohlenhydrat heißt .... Es besteht aus den chemischen Elementen

- ....
- ....
- ....

a) Einteilung und Aufbau

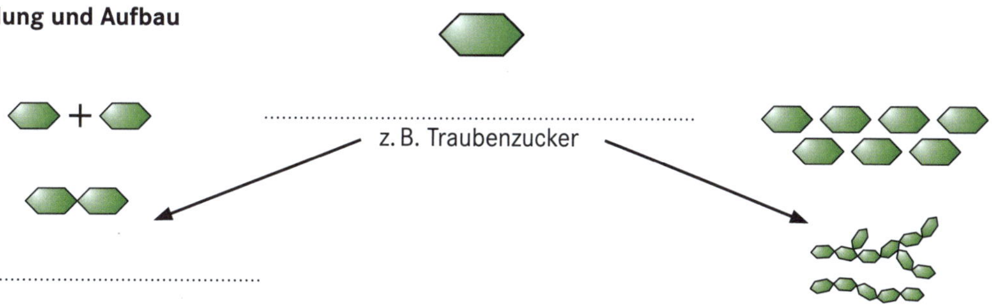

....

z. B. Traubenzucker

....

z. B. Malzzucker, ...

....

....

z. B. Stärke (Getreide),
Cellulose (= Ballaststoff)

.... (= Muskelfleisch)

b) Bedeutung für den menschlichen Körper

- Glykogen = Speicherstoff für ....
- Glykogen wird zu .... abgebaut, das Fleisch erhält einen ....

F Weitere wichtige im Fleisch enthaltene Stoffe

Mineralstoff	Bedeutung	Vorkommen in Lebensmitteln (außer Fleisch), z. B.
Calcium		
Phosphor		
	Wasserbindung, Erregbarkeit der Muskeln und Zellen	
	Wasserbindung, Erregbarkeit der Muskeln und Zellen, Magensäurebestandteil	
	Wasserausscheidung, Herz- und Muskelfunktion	
Eisen		
	Beteiligung am Wachstum, Stärkung des Immunsystems	
Selen		

Vitamin	Bedeutung	Vorkommen in Lebensmitteln (außer Fleisch), z. B.
A		
C		
B_1		
	wichtig für den Stoffwechsel, z. B. verbesserte Eiweißverwertung, Aufbau von Blutkörperchen	Vollkornprodukte, Fisch, Gemüse, Kartoffeln
		Innereien, Getreide, Gemüse
B_{12}		

3 KUNDEN ÜBER DIE WERTVOLLEN INHALTSSTOFFE DES FLEISCHES INFORMIEREN

Name: .... Klasse: .... Datum: ....

Kritische Stoffe	Bedeutung
....	Begünstigung von Arteriosklerose, enthalten v. a. in ....
....	enthalten in Zellkernen, v. a. in .... Abbau zu Harnsäure, Ablagerung in Gelenken → Gicht!

Planen

Entwerfen Sie ein ansprechendes Ladenplakat zum Thema: „Unsere Steaks – schmackhaft und gesund!“ (Skizze).

Erstellen Sie ein Rezept, das Sie Ihren Kunden empfehlen möchten.

....

....

....

....

....

Formulieren Sie Tipps, welche die Kunden bei der Zubereitung beachten sollten.

- ....
- ....
- ....
- ....

Durchführen

Gestalten Sie das Ladenplakat (DIN-A2), das Rezept und die Zubereitungstipps in ansprechender Form und präsentieren Sie diese im Klassenverband.

Bewerten

Betrachten Sie die in der Klasse entstandenen Materialien aus Sicht der Kunden.
Lassen Sie Ihr Plakat bewerten, z. B. hinsichtlich

Informationsgehalt: ....

....

Anschaulichkeit: ....

....

Verständlichkeit: ....

....

3 KUNDEN ÜBER DIE WERTVOLLEN INHALTSSTOFFE DES FLEISCHES INFORMIEREN

Wiederholen

1. Welche ungefähre prozentuale Nährstoffzusammensetzung besitzen magere Schweineschnitzel?

....

....

2. Nennen Sie die kleinsten Grundbausteine der Eiweißstoffe und Kohlenhydrate.

....

3. Muskeleiweiß enthält lebensnotwendige

a) Essigsäuren ☐ b) Aminosäuren ☐
c) Fettsäuren ☐ d) Milchsäuren ☐

4. Welcher Grundstoff ist **nur** in Eiweiß, nicht aber in anderen Nährstoffen enthalten?

a) Wasserstoff ☐ b) Kohlenstoff ☐
c) Stickstoff ☐ d) Sauerstoff ☐

5. Welches Kohlenhydrat wird in der Leber gespeichert?

a) Hämoglobin ☐ b) Myoglobin ☐
c) Glykogen ☐ d) Kollagen ☐

6. Erklären Sie auch die Bedeutung der „falschen" Begriffe der Aufgabe 5.

....

....

7. Was sind essentielle Aminosäuren?

a) Sie beschleunigen die Fleischreifung. ☐
b) Sie sind nur in pflanzlichen Lebensmitteln enthalten. ☐
c) Sie sind in Zitronensaft enthalten. ☐
d) Der Mensch muss sie mit seiner Nahrung zuführen, weil der Körper diese nicht selbst herstellen kann. ☐

8. Welcher Inhaltsstoff der Nahrung liefert die meiste Energie?

a) Eiweiß ☐ b) Vitamine ☐
c) Mineralstoffe ☐ d) Fett ☐

9. Welcher Stoff ist ein Ballaststoff?

a) Glykogen ☐ b) Protein ☐
c) Cellulose ☐ d) Stärke ☐

10. Welche Bedeutung hat Eisen für den Menschen?

a) Es ist für den Sauerstofftransport im Blut notwendig. ☐
b) Es schützt vor Erkältungsgefahr. ☐
c) Es ist für das Wachstum notwendig. ☐
d) Es dient zur Verstärkung des Knochenbaus. ☐

11. Jens Witte (75 kg Körpergewicht) verzehrt in der Pause 110 g Cervelatwurst und zwei Brötchen (je 60 g). Svenja (62 kg Körpergewicht) isst eine Scheibe Roggenvollkornbrot (80 g) mit Butterkäse (55 g).

a) Berechnen Sie den Nährstoffgehalt der Pausenmahlzeiten von Jens und Svenja.
b) Wie viel Prozent ihres täglichen Eiweißbedarfs haben Jens und Svenja bereits zu sich genommen, wenn sie 0,9 g Eiweiß pro Kilogramm Körpergewicht zu sich nehmen sollen?

Name: .... Klasse: .... Datum: ....

Orientieren

Die Firma Buchheim Fleisch KG möchte in ihrer Kundenzeitschrift einen Zeitungsartikel zum Thema „Ausgewogene und gesunde Ernährung - Fleisch, Wurst und Co. gehören dazu!" veröffentlichen. Sie sollen diesen Artikel verfassen.

A Vielseitig essen – Lebensmittelvielfalt genießen

Informieren

aid

Die aid-Ernährungspyramide

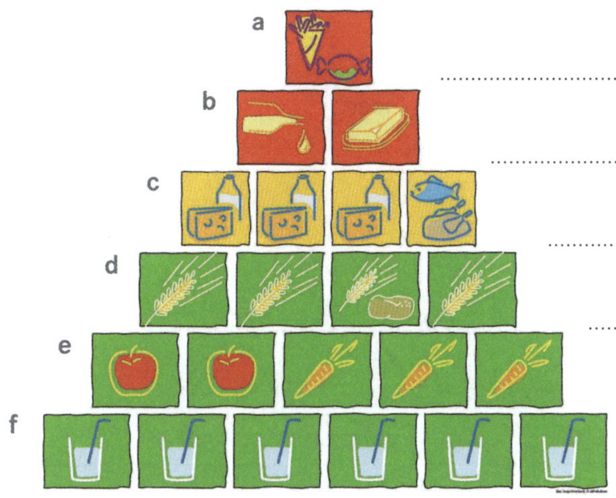

....

....

....

....

....

....

a) Extras: Süßes, fettige Snacks und Alkohol

1 Portion pro Tag, z. B.:

- ....
- ....
- ....

b) Fette und Öle

2 Portionen pro Tag:

- 1 Portion entspricht: ....
- vorwiegend .... verwenden

c) Milch, Milchprodukte, Fleisch, Wurst, Fisch, Eier

3 + 1 Portionen pro Tag:

- 3 x .... pro Tag
- 1 Portion entspricht z. B. .... Milch oder .... (30 g) Käse
- 1 x pro Tag ...., d. h. wöchentlich insgesamt ca.:

  – ....

  – ....

  – ....

bevorzugt: ....

d) Brot, Getreideprodukte und Kartoffeln

4 Portionen pro Tag:

- 1 Portion entspricht z. B.:
  - .... Brot (1 Scheibe) oder ein Brötchen
  - .... Getreideflocken
  - .... gekochte/r Nudeln, Reis oder Kartoffeln
- bevorzugt: ....
- mäßig: ....

e) Gemüse, Hülsenfrüchte und Obst

3 + 2 Portionen pro Tag:

- 3 x ca. 100–200 g .... oder ....
- 2 x 150 g ....
- Ersatz von einer Portion durch ein Glas reinen ....

f) Getränke

mind. .... Portionen (je ....) pro Tag:

- mind. .... Portionen .... Getränke, z. B. ....
- max. .... Portion: ....

B Schmackhaft und schonend zubereiten

Formulieren Sie Tipps für die schmackhafte und schonende Zubereitung von Speisen.

- ....
- ....
- ....

C Zeit nehmen und das Essen genießen

D Auf das Gewicht achten und in Bewegung bleiben

Name: .... Klasse: .... Datum: ....

Planen

Entwerfen Sie einen Tageskostplan für einen Erwachsenen und berücksichtigen Sie dabei auch Waren aus Ihrem Sortiment.

	Frühstück	1. Zwischen-mahlzeit	Mittagessen	2. Zwischen-mahlzeit	Abendessen
Getränke					
Gemüse, Obst					
Brot, Getreide-produkte und Kartoffeln					
Milchprodukte, Fleisch, Fisch					
Fette und Öle					
Süßes und Salziges					

Erstellen Sie eine detaillierte Gliederung (Einleitung/Hauptteil/Schluss) des Zeitungsartikels mit inhaltlichen Stichpunkten.

Durchführen

Formulieren Sie den Zeitungsartikel aus.

Bewerten

Lassen Sie Ihren Zeitungsartikel bewerten, z. B. hinsichtlich

- Informationsgehalt: ....
- Anschaulichkeit: ....
- Verständlichkeit: ....

Wiederholen

1. Sie möchten bei der Herstellung eines Geflügelsalates möglichst fettsparend arbeiten. Geben Sie verschiedene Möglichkeiten an.

- ....
  ....
- ....
  ....
- ....

2. Lösen Sie das nachfolgende Rätsel! Ermitteln Sie die Lösungsworte und setzen Sie diese an der richtigen Stelle im Gitter ein.

- ... isst nur pflanzliche Lebensmittel
- ... wird aus Milch hergestellt
- ... beschreibt die körperliche und geistige Leistungsfähigkeit
- ... sollte man viel trinken
- ... gibt Auskunft über die Zusammensetzung einer ausgewogenen Ernährung
- ... unterstützt die Funktion der Schilddrüse (I = J)
- tierischer Eiweißlieferant; hoher Gehalt an Eisen, B-Vitaminen usw.
- ballaststoffreiche Brotsorte
- ... und Obst sollte man täglich essen
- schnelles Essen, dazu gehört z. B. der Verzehr eines Hamburgers in der Mittagspause

3. Michaela Föhring erstellt für den vergangenen Tag ein Ernährungsprotokoll. Überprüfen Sie im gemeinsamen Gespräch, ob die aufgenommenen Speisen und Getränke den Grundsätzen für eine gesunde Ernährung entsprechen.

	Frühstück	1. Zwischenmahlzeit	Mittagessen	2. Zwischenmahlzeit	Abendessen
Getränke	2 große Tassen (je 0,2 l) Kaffee mit je 2 Stücken Zucker	–	1 Apfelsaftschorle (0,4 l)	1 Tasse Kaffee mit 2 Stück Zucker	1 Cola (0,4 l)
Speisen	2 Scheiben Brot, 20 g Butter, 2 Scheiben Käse (60 g), 1 Scheibe Kochschinken (40 g)	Brötchen mit 90 g warmem Fleischkäse	gemischter Salatteller mit Putenstreifen (120 g)	1 Stück Sahnetorte	Paprikarahmschnitzel (160 g), Pommes frites (200 g)

Bewertung:

....

....

....

Orientieren

Informieren

Name: .... **Klasse:** .... **Datum:** ....

Frau Baringer möchte den Nährstoff- und Energiegehalt ihrer „Mittagsrenner“ ermitteln und den Anteil am Tagesbedarf eines Erwachsenen angeben. Sie bittet Sie, ihr dabei zu helfen.

A Nahrungsaufnahme

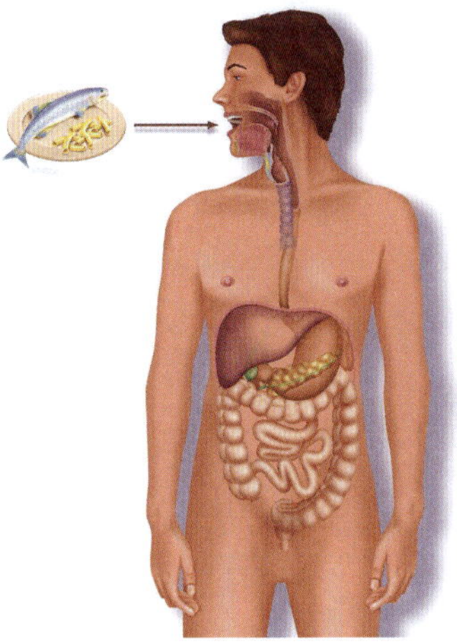

Beim Verdauungsvorgang werden Speisen und Getränke in ihre Grundbausteine zerlegt:

Kohlenhydrate → Enzyme: .... → Grundbaustein: ....

Eiweißstoffe → Enzyme: .... → Grundbaustein: ....

Fett → Enzyme: .... → Grundbausteine: ....
....

Diese werden zusammen mit .... und .... durch die Darmwand .... aufgenommen. Diesen Vorgang nennt man ....

Die Bausteine benötigt der Körper, um ....
....

B Gesamtenergiebedarf

Er beschreibt die Energiemenge, die ein Mensch täglich benötigt. Er setzt sich zusammen aus:

Grundumsatz (GU)

= Energiemenge, die ein Mensch ....
....,

z. B. für ....
....

Der Grundumsatz beträgt ....

Leistungsumsatz (LU)

= Energiemenge, die ein Mensch .... benötigt.

Die Höhe ist abhängig von der ....

C Energiegehalt von Lebensmitteln

Folgende Stoffe liefern dem Körper Energie:

1g Kohlenhydrat	1g Ballaststoff	1g Eiweiß	1g Fett	1g Alkohol

liefert	liefert	liefert	liefert	liefert ....

Der Energiegehalt einer Mahlzeit ist abhängig von:

- **Zutaten:**

energiereich: z. B. ....

energiearm: z. B. ....

- **Zubereitungsmethoden:**

energiereich: z. B. .... energiearm: z. B. ....

- **Getränken:**

energiereich: z. B. ....

energiearm: z. B. ....

D Energiebilanz

Die Energiebilanz beschreibt das Verhältnis zwischen ....

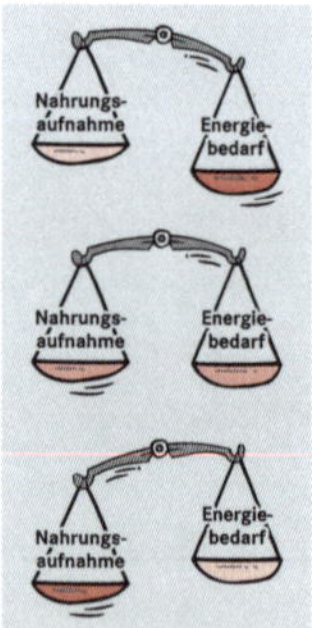

- Nahrungsaufnahme .... der Energiebedarf

  Folge: ....

- Energiebilanz ....

  Folge: ....

- Nahrungsaufnahme .... der Energiebedarf

  Folge: ....

E Nährstoffbedarf eines normalgewichtigen Erwachsenen

Der tägliche Gesamtenergiebedarf sollte mit folgender Nährstoffzusammensetzung gedeckt werden:

- Eiweiß: 10 – 15 %
- Fett: ....
- Kohlenhydrate: ....

Planen

1. Ermitteln Sie den Nährstoff- und Energiegehalt Ihrer Mittagsrenner mit Hilfe der Nährwerttabellen (➜ Seite 392 ff.).
2. Berechnen Sie den Gesamtenergiebedarf und Nährstoffbedarf für einen normalgewichtigen Mann mit ca. 74 kg (1,78 m groß) und für eine Frau mit ca. 65 kg (1,68 m groß).
3. Gestalten Sie Ihre Mittagskarte neu und arbeiten Sie die errechneten Informationen in ansprechender Form ein.

Name: .... Klasse: .... Datum: ....

Frau Guthardt wünscht sich von Sonja Weiß Tipps für den Speisezettel der ganzen Familie. Versetzen Sie sich in die Lage von Sonja und bereiten Sie das Verkaufsgespräch vor.

Orientieren

Informieren

A Body-Mass-Index und Übergewicht

a) Bestimmung des Body-Mass-Index (BMI)

Berechnungsformel:

BMI = ____________________

Mein BMI beträgt:

BMI = ____________________

Der BMI gibt indirekt Auskunft über den ...., der bei Normalgewichtigen .... beträgt.

BMI Kg/(m)²

	....	....	....	....
....	....	Übergewicht	Adipositas	

b) Hauptursachen von Übergewicht

- familiäre Vorbelastung
- ....
- psychische Faktoren, z. B. ....
- ....

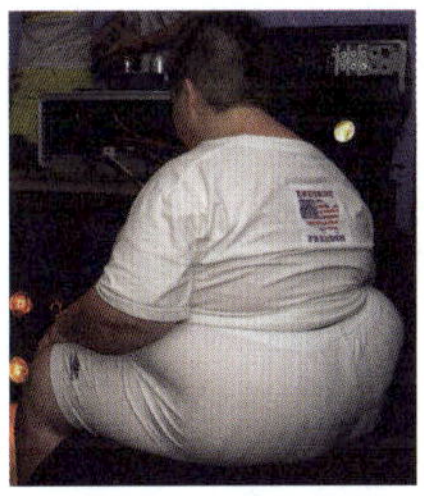

Mögliche Folgen:

....

....

B Mögliche Folgeerkrankungen

a) Gicht

Gicht entsteht durch zu viel .... im Blut.

- ernährungsbedingte Ursache: Verzehr von ....

  ....
- Folgen: ....

  ....

b) Zuckerkrankheit

Beim Diabetes mellitus Typ 2 liegt eine Störung der Insulinproduktion und/oder der .... vor.

c) Fettstoffwechselstörungen

Fettstoffwechselstörungen gehen mit einer Erhöhung der so genannten .... einher.

Erkrankte Menschen haben zu viel „schlechtes" .... -Cholesterin und/oder .... im Blut.

d) Arteriosklerose

Arteriosklerose ist eine Veränderung der .... Es kommt zu Ablagerungen von .... und anderen Stoffen in den ....

Folgen:

- Verkleinerung des .... der Blutgefäße
- Gefäßwände werden ....

↓

D ....

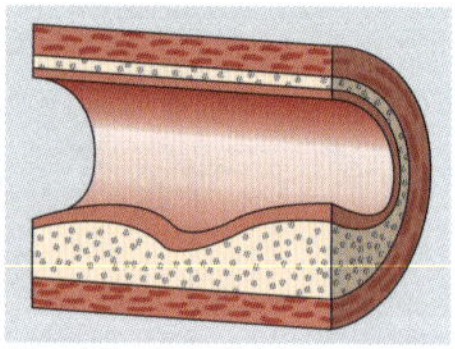

↓

V ....

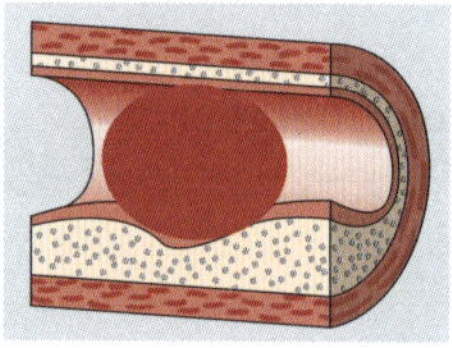

Folgen:

- H .... (........................)
- S .... (........................)

C Psychisch bedingte Essstörungen

Essstörung	Folgen
Magersucht	....
Ess-Brech-Sucht	....

Name: .... Klasse: .... Datum: ....

D Ernährungsgrundsätze für besondere Personengruppen

Kinder und Jugendliche	....
Senioren	....
Schwangere/ Stillende	....
Sportler	....

Stellen Sie geeignete Waren aus Ihrem Sortiment als Verkaufsempfehlung für die einzelnen Mitglieder der Familie Guthardt zusammen. Verfahren Sie gemäß der Tabelle.

Planen

Familie Guthardt	Personengruppe/ Beschwerden	Ernährungsempfehlung, geeignete Waren	Verkaufsargument
Herr Guthardt	Übergewicht Bluthochdruck erhöhte Cholesterinwerte		
Frau Guthardt			
Jasmin			
Thorsten			

Führen Sie das Gespräch durch und analysieren Sie es (Videoaufzeichnung).

Durchführen

Leiten Sie Verbesserungsvorschläge ab.

Bewerten

7 VERSCHIEDENEN PERSONENGRUPPEN GEEIGNETE WAREN AUS DEM FLEISCHEREISORTIMENT EMPFEHLEN

Wiederholen

1. Silbenrätsel

1) Personen, deren BMI über 25 liegt, nennt man ...

Ü _ _ _ _ _ _ _ _ _ _ _ _ _

2) Ein zöliakieauslösender Eiweißstoff in Roggen, Weizen, Gerste heißt ...

G _ _ _ _ _

3) Nennen Sie eine Essstörung.

M _ _ _ _ _ _ _ _ _

4) Ein Mitverursacher von Fettstoffwechselstörungen heißt ...

C _ _ _ _ _ _ _ _ _ _

5) Nennen Sie den medizinischen Fachbegriff für die „Zuckerkrankheit".

D _ _ _ _ _ _ _   _ _ _ _ _ _ _ _

6) Gichtknochen werden verursacht durch ...

H _ _ _ _ _ _ _ _

7) Diese Personengruppe braucht eine tägliche „Zusatzration" an Eiweißstoffen.

S _ _ _ _ _ _ _ _ _

8) Eine krankhafte Veränderung der Gefäßwände der Arterien nennt man ...

A _ _ _ _ _ _ _ _ _ _ _ _ _ _

9) Die überschießende Reaktion des Immunsystems auf eine Fremdsubstanz ist eine ...

A _ _ _ _ _ _ _

10) Indirekt Auskunft über den durchschnittlichen Fettanteil im Körper gibt der ...

K _ _ _ _ _ - _ _ _ _ _ _ - _ _ _ _ _

Lösungswort:

_ _ _ _ _ _   _ _ _ _ _ _ _ _

2. Beschreiben Sie die Erkrankungen „Lebensmittelallergien" und „Zöliakie/Sprue". Nennen Sie die Folgen.

Beschreibung „Lebensmittelallergien": ....

....

Folgen: ....

Beschreibung „Zöliakie/Sprue": ....

....

Folgen: ....

....

3. a) Bestimmen Sie den BMI für eine 1,73 m große Frau mit 65 kg Körpergewicht.
b) Berechnen Sie deren Tagesbedarf an Eiweiß, Fett und Kohlenhydraten (➜ Seite 350).

4. Thorsten Guthardt ist 1,90 cm groß und wiegt 78 kg. Er spielt zweimal in der Woche Fußball und joggt jeden Tag eine halbe Stunde. Er isst vorwiegend Steaks und kohlenhydrathaltige Beilagen und trinkt vorwiegend Cola. Er möchte seine Ernährung ausgewogener und abwechslungsreicher gestalten und bittet Sie deshalb um Hilfe.
a) Berechnen Sie seinen BMI.
b) Geben Sie ihm Ernährungstipps.

Name: .... Klasse: .... Datum: ....

Rezeptblatt

Erzeugnis: ....

Anforderungen aus den Leitsätzen: ....

....

....

....

kg	Materialien	%	g/kg	Zutaten/Gewürze	g/gesamt
	Materialgewicht				
	– Herstellungsverlust				
	Fertiggewicht				

Herstellungsablauf mit Produktionsparametern
(z. B. Temperaturen, Zeiten, Luftfeuchtigkeit)

....

....

....

....

....

....

....

....

Auswertung

Eigenschaften des rohen Erzeugnisses

Bindung:

....

Farbe:

....

....

....

Sonstiges:

....

....

....

Eigenschaften des küchenfertigen Erzeugnisses

Konsistenz:

....

Biss:

....

....

....

Farbe:

....

....

....

Geschmack:

....

....

....

Sonstiges:

....

....

....

Qualitätsprüfung	Datum:	Erzeugnis:

1. Äußeres, Zustand **Punkte**	5	4	3	2	1	0	Bewertung	Faktor	Gewichtete Bewertung
Produkteigenschaften:									
2. Aussehen, Farbe, Zusammensetzung									
Produkteigenschaften:									
3. Konsistenz									
Produkteigenschaften:									
4. Geruch und Geschmack									
Produkteigenschaften:									
							Summe		

Summe der Bewertungen : Summe der Faktoren = ... : .... = ...

Bewertung: ....

Hinweise zur Bewertung siehe im Lehrbuch (➜ Seite 266 f.)

BILDQUELLENVERZEICHNIS

aid infodienst e. V. (www.aid.de), Bonn: 109.1;

Berufsgenossenschaft Nahrungsmittel und Gastgewerbe (BGN), Mannheim: 21.1 (Ausbildungsprogramm „Ich mach' mit! Mehr Arbeitssicherheit in der Fleischwirtschaft" der Berufsgenossenschaft Nahrungsmittel und Gastgewerbe/Winkler, Franz Gustav (5. Auflage, Lektion4))

CMA, Bonn: 75.3, 95.1;

doc-stock health + wellness eine Marke der F1online digitale Bildagentur GmbH, Frankfurt: 113.1 (BSIP);

Druwe & Polastri, Cremlingen/Weddel: 18.2, 61.1;

Focus Photo- u. Presseagentur GmbH, Hamburg: 115.1;

FOTODESIGN - HEINZ HEFELE , Darmstadt: Titel, 18.1, 83.1;

fotolia.com, New York: 19.1 (Zerbor), 24 (alle: bilderzwerg), 84.1 (Birgit Reitz-Hofmann), 90.1 (tunedin), 90.2 (DoraZett), 90.3 (DoraZett), 95.5 (vectorscheffe), 114.2 (cpm);

Grum, Hans, Rothenburg/Tauber: 66.1, 66.2;

Hild, Claudia, Angelburg: 22.1, 22.2, 114.1, 114.3-.5;

illuvision, Erftstadt: 95.3;

OKAPIA KG - Michael Grzimek & Co., Frankfurt/M.: 71.1 (imageBROKER);

Schmidt, Sabine, Hamburg: 85.1, 96 (alle), 97 (alle), 101.1, 110.1;

Sins, Claude, Stuttgart: 76.2;

Spanisches Fremdenverkehrsamt, Frankfurt/M.: 26.2;

StockFood GmbH, München: 78.1;

Visum Foto GmbH, Hannover: 49.1 (Georg Schoenharting);

Ziller, Alfons, Vierkirchen: 49.2;

Ziller, Simone, Vierkirchen: 49.3, 50.1, 50.3, 50.5, 51.10, 76.1, 76.3, 77 (alle), 80 (alle), 85.2, 87 (alle), 89 (beide), 103.1.

Weitere Grafiken: PER Medien + Marketing GmbH, Braunschweig.